U0224128

高等院校计算机应用系列教材

数据库系统原理及应用课程设计与实验指导

（第 2 版）

主　编　胡致杰

副主编　胡羽沫　李代平

清華大学出版社

北　京

内 容 简 介

本书结合应用型本科高校"数据库系统原理及应用"课程的相关要求，通过实验指导与课程设计两个实践环节，详细介绍了数据库系统的基本原理在实践中的应用。全书可分为三大部分：第一部分为实验指导，包含 10 个必做实验和 5 个选做实验，为便于读者完整理解实验体系和实验要求，还给出了课程实验管理办法、课程实验规范和课程教学大纲；第二部分为课程设计，包括课程设计概述、课程设计规范、课程设计大纲、课程设计实施方案和课程设计案例，通过课程设计训练，为学生毕业设计(论文)的实施打下基础；第三部分为附录，包括课程主要章节知识点、章节练习题、模拟试题，可作为课程学习的补充材料。

本书内容实用性强，讲解由浅入深、循序渐进，注重培养应用技能，既可作为普通高等院校本科层次"数据库系统原理及应用"课程设计与实验指导用书，也可作为高等教育其他层次数据库课程的课程设计与实验指导用书或毕业设计参考书。

图书在版编目(CIP)数据

数据库系统原理及应用课程设计与实验指导 / 胡致杰主编. —2 版. —北京：清华大学出版社，2023.6

高等院校计算机应用系列教材

ISBN 978-7-302-63487-4

Ⅰ. ①数⋯　Ⅱ. ①胡⋯　Ⅲ. ①数据库系统－高等学校－教学参考资料　Ⅳ. ①TP311.13

中国国家版本馆 CIP 数据核字(2023)第 084425 号

责任编辑：王　定
封面设计：高娟妮
版式设计：思创景点
责任校对：马遥遥
责任印制：杨　艳

出版发行：清华大学出版社
　　　　网　　　址：http://www.tup.com.cn，http://www.wqbook.com
　　　　地　　　址：北京清华大学学研大厦 A 座　　　　邮　　编：100084
　　　　社 总 机：010-83470000　　　　邮　　购：010-62786544
　　　　投稿与读者服务：010-62776969，c-service@tup.tsinghua.edu.cn
　　　　质 量 反 馈：010-62772015，zhiliang@tup.tsinghua.edu.cn
印 装 者：北京鑫海金澳胶印有限公司
经　　销：全国新华书店
开　　本：185mm×260mm　　印　　张：12.5　　字　　数：312 千字
版　　次：2018 年 9 月第 1 版　　2023 年 7 月第 2 版　　印　　次：2023 年 7 月第 1 次印刷
定　　价：49.80 元

产品编号：100608-01

前　言

2022 年 10 月，习近平总书记在党的二十大报告中指出："教育、科技、人才是全面建设社会主义现代化国家的基础性、战略性支撑。""加快发展数字经济，促进数字经济和实体经济深度融合，打造具有国际竞争力的数字产业集群。"数字经济的崛起与繁荣，赋予了经济社会发展的"新领域、新赛道"和"新动能、新优势"，正在成为引领中国经济增长和社会发展的重要力量。

数字经济的发展离不开底层技术的支持。数据库作为信息化建设的核心基础设施之一，是计算机科学技术中发展最快的领域之一，也是应用最广泛的技术之一，它已成为计算机信息系统与应用系统的核心技术和重要基础。"数据库系统原理及应用"是一门全面阐述数据库系统的理论、技术和方法的课程，是计算机类专业的核心课程，更是一门理论与实践紧密联系的课程。

为适应数据库技术的发展和应用型本科高校的教学要求，本书在第 1 版(2018 年出版)的基础上进行了修订，使理论与实践更紧密结合，侧重培养学生的理论分析能力和综合动手能力，使其初步具备开发数据库应用系统的基本能力。

第 2 版主要修订的内容包括：

(1) 为了更好地适应大数据时代对数据库课程的教学需求，重新修订了课程教学大纲和课程设计大纲，体现培养学生会使用数据库、会管理数据库、会设计数据库的目标。

(2) 重新设计了课程实验项目，调整了部分实验的前后次序，使得实验的编排更符合学生的认知和知识的前后逻辑关系。

(3) 为进一步加强培养学生的分析和设计能力，重新设计了课程设计案例，新的课程设计案例增加了需求分析、概念结构设计和逻辑结构设计三个阶段的比重，降低了物理结构设计、数据库实施两个阶段的比重。

全书分为三大部分，共 9 章，第一部分为实验指导，第二部分为课程设计，第三部分为附录。本书由长期承担"数据库系统原理及应用"课程教学、具有丰富教学经验的一线教师编写，在编写过程中将积累的教学经验和体会融入书中，力求做到通俗易懂，概念清楚，内容丰富，理论与应用并重，从而培养学生的应用技能。

全书由广东理工学院胡致杰、胡羽沫编写，其中，第 2、4、5、6、8、9 章由胡致杰编写，第 1、3、7 章和附录由胡羽沫编写；李代平详细审阅了书稿；梁玉英、张莉敏、陈伟莲、翟允赛、庄礼金、邵亚丽等老师根据使用本书的实际体会，对内容提出了许多中肯有益的修改建议，在此向他们表示衷心感谢。

在修订和出版过程中,还得到清华大学出版社和部分高等院校相关教师的大力支持和帮助,同时也参考了大量相关教材、资料和文献,在此一并感谢。

由于编者水平有限,书中难免存在疏漏之处,殷切希望广大读者批评指正。

本书练习题参考答案和模拟试题参考答案可扫下列二维码获取。

练习题参考答案

模拟试题参考答案

编　者

2023 年 4 月

目　录

第1部分　实验指导

第 1 章
课程实验管理办法

为了建立正常的实验教学秩序，实现实验教学管理科学化、规范化，不断提高实验教学质量和管理水平，提高学生的动手能力和创新能力，特制定本管理办法。

1.1 总则

第一条　实验教学是指独立设课的实验课程、实践性教学环节(包括实验、实习、实训、综合实践等)和理论课中的实验环节，是学校教学工作的重要组成部分。实验教学的基本任务是对学生进行实验技能的基本训练，使学生了解科学实验的主要过程和基本方法，培养学生的动手能力、工程意识和创新能力，树立学生严肃认真的工作态度和主动积极的探索精神，并使学生初步学会科学研究的实验方法。实验教学要遵循客观规律，贯彻科学性与思想性相统一，理论联系实际的教学原则。

1.2 实验教学计划管理

第二条　实验教学计划是学生培养计划的有机组成部分，由各学院制定，教务处审定和管理。在培养计划中应对实验课程的设置、学时的分配、教学进程等进行全面、系统、科学的安排，并列明实验课程名称、开课学时、学期、独立设课的实验课的学分等，以便实验课程的教学组织与安排。

第三条　实验教学大纲是以纲要形式编写的某门实验课程或实践环节或某门课程实验教学内容的实验教学指导文件。实验教学大纲是组织和检查教学活动的依据，也是编写实验指导书和考核学生实验课成绩的依据。所有实验课程都应具备实验教学大纲。实验教学大纲的制定应符合实验教学规律，并充分考虑到实验室现有实验装备条件，由学院组织编写，经学校审查批准后实施。实验教学大纲中应明确本门实验课程所包含的实验项目名称、各项目学时、实验属性、考核形式，以及实验过程的特殊要求。

第四条　在每个学期末，教务处将下学期的教学安排(包括实验教学的总体安排)直接下达到任课教师，并同时将实验教学总体安排下达到所承担实验的实验室。

第五条　各实验室收到实验教学安排后，应尽快与实验教师联系，根据本实验室的具体情况确定本学期各个实验项目的具体开设时间，形成本实验室的实验课表，在每学期的第五周前汇总到学院，由学院审核后上报实验室及设备管理处。实验室及设备管理处汇总全校实验室的实验安排，制定全校的实验课表。实验课表一旦制定，不得随意改动。学校将按实验课表进度检查计划执行情况和实验教学质量。如有特殊原因要求调课，须由实验教师提出申请，经所在学院(部)和实验室及设备管理处的批准后方可调课。

1.3　实验教学过程与质量管理

　　第六条　实验教学可分为演示性实验、验证性实验、综合性实验、设计性实验和探究性实验。实验教学要严格按照实验教学大纲的规定进行，不得随意改变学时、变更实验项目。所有实验必须有实验教材或实验指导书，其内容包括：实验目的、要求、实验原理、步骤和方法、实验报告要求、预习要求和参考资料等。

　　第七条　实验教师要按照实验教学大纲和实验教材认真备课，写出实验课程指导教案。每次实验课前，实验教师必须到实验室预做实验，熟悉实验环境，并做好相应的准备工作，包括检查仪器设备是否正常，安全设施是否完善，实验用的试剂、材料和工具是否齐备；对实验目的、要求、原理、步骤、实验装置等做到心中有数。

　　第八条　实验室工作人员必须按照实验课表的安排，准备好实验所需仪器设备、试剂和材料，协助实验教师预做实验。在实验过程中，实验室工作人员要积极主动协助实验教师辅导学生实验，并保障实验仪器设备的正常运行。

　　第九条　学生在实验前必须做好预习，明确实验的目的、内容和步骤，了解仪器设备的操作规程和实验所用物品的特性。对于设计性实验，学生还必须提交设计方案等。

　　第十条　学生上实验课不得迟到、旷课，不准把与实验无关的东西带进实验室。上实验课时，必须保持肃静和实验室清洁。要爱护仪器设备，不准动用与实验内容无关的仪器设备和私自将设备带出实验室。树立节约意识，注意节约水电和实验材料。实验过程中应正确操作，认真观察并如实记录。实验过程中要严格遵守操作规程，注意人身安全和设备安全，防止发生意外。若发生事故，应及时向实验指导人员报告，并采取相应措施，减少事故造成的损失。在指导学生实验的过程中，教师应注意培养学生严肃的科学态度和严谨的工作作风，培养学生正确使用各种仪器仪表、观察测量、处理实验数据、分析实验结果和撰写实验报告的能力。

　　第十一条　实验结束后，学生应做好仪器设备的复位工作，并关闭相关的水源、电闸和气源，清洁实验台面和仪器设备。填写实验设备使用记录，在得到实验指导人员的允许后方可离开实验室。实验室工作人员要认真检查仪器设备，做好仪器设备的清理和入库工作。如发现贵重仪器损坏、丢失，要及时报告主管部门，调查了解仪器丢失、损坏原因，根据有关规定提出处理意见。对违反实验室规章制度和实验操作规程造成的事故和损失，视其情节对其责任者按章处理。

　　第十二条　实验完成后，学生必须按照教师的要求认真撰写实验报告，并按时上交。实验教师收齐学生的实验报告后，应认真批改，给出实验成绩。凡不符合要求者，应退回重做。批改后的实验报告是重要的教学档案，应妥善保管。

第十三条　各学院(部)应积极开放实验室,积极开展实验教学改革,提高实验教学质量,要努力创造条件开设综合性、设计性的实验,达到所开课程(含实验)的 85%以上,以加强学生的实验技能。

第十四条　各学院(部)领导及有关部门应重视实验教学的质量监控和实验教学的规范管理,建立领导听课制度,有计划地安排时间深入实验教学第一线,通过听课、检查、抽测学生实际实验(实习)情况等方法,了解和检查各门课程实验教学的教学质量,及时解决出现的问题,广泛听取意见,并做好文字记录。

1.4　实验教学成绩考核管理

第十五条　实验教学考核按照《课程教学和考核管理办法》的相关条例执行。

1.5　实验教学档案管理

第十六条　实验教学档案是实验教学活动和实验教学管理工作中形成的文字、图表等形态的历史记录,是考核实验教学效果,加强实验教学管理,制定实验教学计划,总结实验教学经验,研究实验教学规律的主要依据。它为实验教学评估、实验人员的考核、评优等提供凭证材料。各级实验教学管理人员、实验中心主任和实验室工作人员要在本职工作范围内认真积累,整理和归档,形成制度,并充分利用档案资料,积极发挥实验教学档案的作用。

第十七条　实验教学档案包括上级下达的有关文件、材料、规章制度和实验教学的基本文件和资料。规章制度包括实验室、实验教学、仪器设备、实验用的材料、工具、低值品、易耗品等管理制度。实验教学基本文件包括实验教学计划、实验教学大纲、实验教材(或实验指导书)、实验项目卡等。实验教学资料包括实验教学任务通知单、实验教学课表、实验教学记录、实验报告、实验设备使用记录、实验教学听课记录或抽查记录、考试试题、试卷、学生成绩单、参考书、实验教学研究论文等。其他资料包括实验室仪器设备一览表,实验室低值品一览表,实验消耗材料统计表,仪器设备使用、保养、维修记录,大型仪器设备使用记录,仪器设备验收单,实验室活动记录,实验室工作日志,实验室开放记录和实验室安全记录等。

第十八条　实验室档案管理由各学院(部)负责指定专人管理。

1.6　实验教学领导管理

第十九条　教务处和实验室及设备管理处负责制定实验教学、实验室和实验工作人员管理的有关规章制度,并协助主管校长组织、督促、检查实验教学工作。

第二十条　各学院(部)主管教学与主管实验室工作的副院长(主任)每月必须定期检查实验室人员的工作日志,并签名。

第二十一条　本管理办法自公布之日起执行。解释权归实验室及设备管理处。

第 2 章
课程实验规范

课程实验是培养学生运用课程的基础理论和技能解决实际问题，并进一步提高学生专业基本技能、创新能力的重要实践教学环节。为了进一步加强本科生课程实验教学工作和规范课程实验报告书写格式，提高课程实验的教学质量，参照《课程实验管理办法》，结合计算机类专业课程实验的特点，特制定《××学院本科生课程实验规范》。

2.1 课程实验工作内容与标准

课程实验的目的主要是通过课程实验环节的实践活动，培养学生理论联系实际，提高学生实践能力和创新能力，并培养学生技术总结和撰写报告的基本技能。

课程实验教学工作需要完成如下内容。

1. 制定符合学校统一格式要求的课程实验教学大纲

教学大纲包括课程名称、课程编码、课程性质、学时学分、适用专业、配套教材(讲义)与指导书、实验课的任务及性质与目的、实验课的基本理论、实验方式与基本要求、考核方式与评分方式，以及实验项目设置与内容提要。

2. 指定课程实验指导书

指定正式出版的或导师编撰的课程实验指导书，作为学生课程实验的重要参考资料之一。

3. 制定课程实验任务书

课程实验任务书应该包含课程实验的题目名称和内容要求。根据课程特点，实验可以提供多个内容，明确每个实验的类型以及必做或选做。其中，实验划分为演示性、验证性、综合性和设计性四种类型。

4. 制定课程实验评分标准

制定科学的、可操作的课程实验评分标准。应采用课程实验的质量测评和课程实验报告的质量评价两类评分标准指标，进行课程实验综合评分。其中，课程实验报告的质量评价的评分权重不低于 20%。

5. 撰写课程实验报告

在课程实验导师指导下，学生完成撰写符合规范要求的课程实验报告。

6. 课程实验学生分组要求

为了培养学生的基本实验技能，依据"人人动手操作"的原则，学生实验分组要求如下：

对于单台设备，学生 10 人/组；对于 5 台以下实验设备，学生 5~6 人/组；对于 5 台以上设备，学生 1~2 人/组。

2.2 课程实验报告文本结构及写作规范

1. 报告结构概述

报告内容以文字为主，图表为辅。课程实验报告必须包含以下内容：封面、目录、正文、参考文献、附录，并依序装订成册。其中，参考文献和附录部分依据各课程特点自行确定选用。纸张规格均为 A4。

2. 封面

课程实验报告采用统一封面，详见本章附件 2-1。学生需要填写课程名称、学号、姓名、学院(系)、专业、年级班级、指导教师和报告日期等信息。其中，课程名称是指课程实验所属的课程名称，如《数据库系统及应用》课程实验报告，填写"数据库系统及应用"；年级班级填写"年级编号+班级编号"，如"2022 级 5 班"。

3. 目录

目录是课程实验报告的纲要。正文的各级标题(一般最多取三级)、参考文献和附录都应编入目录，但目录本身不出现在其中。

目录要求层次清晰，含标题及对应的起始页号。目录最后的"参考文献"和"附录"无章节号。

课程实验报告正文、参考文献和附录页面，使用 1，2，3，… 编连续页码。页码应标在页面的右下角。

目录中正文的各级标题名称、参考文献和附录及其对应的起始页号，务必与报告中正文的各级标题名称、参考文献和附录及其对应的起始页号保持一致。

4. 正文

正文应按目录中编排的章节依次撰写，要求计算正确，论述清楚，文字简练通顺，插图简明，书写整洁。文中图、表按制图、制表的要求绘制。

正文的第一页是实验项目列表，详见本章附件 2-2，其后是每一个实验的实验报告。课程实验报告正文格式，详见本章附件 2-3。因为实验类型和课程的不同特点，每个实验的详细提纲，或在指导教师的指导下由学生自行拟定，或由指导教师统一规定。

正文统一采用小四号宋体/Times New Roman 和 1.25 倍行距。

(1) 正文章节标题。

报告章标题称为一级标题，章内小节标题依次分为二级标题、三级标题等。一级标题的编号用数字 1，2，… 编制；二级标题的编号用 1.1，1.2，… 编制；三级标题的编号用 1.1.1，1.2.1，… 编制；四级及以后各级标题可以此类推。建议标题不超过 3 级(如 1.1.1)，超出部分可根据需要使用(1)，①，A，a)，… 等形式描述。

标题编号与标题文字之间均用空格隔开，如"1　引言""2.1　需求分析"。报告正文的一级标题(章)须另起一页居中排版。

(2) 正文中的图。

正文中所有插图要求图面整洁，布局合理，线条粗细均匀，圆弧连接光滑，尺寸标注规范。所有曲线、图表、线路图、流程图、程序框图、示意图等，必须按国家规定标准或工程要求采用计算机或手工绘制。

所有插图均应有图号和图名。图号按章编，如第 2 章的图为图 2.1、图 2.2、…，第 3 章的图为图 3.1、图 3.2、…。图名是插图的名称，扼要概括图的内容，字数不宜太多。图号和图名写在图下方，并相对于图居中排版。少数图有图注，图注写在图下面且字号应比图号、图名的字小一号，图名和图注后面均不加标点符号。

所有插图均应在正文中予以引用。引用某插图时，一般写为"……见图 x.y"或"图 x.y 是……"。正文中的插图均须安排在文中第一次引用到该图的正文下面，要求先见文，后见插图，且图一般不跨页绘制。

图中文字、图号和图名，统一采用小五号宋体。

(3) 正文中的表。

表格由表号、表名、表头、表身等组成。表号按章编，如第 2 章的表为表 2.1、表 2.2、…，第 3 章的表为表 3.1、表 3.2、…。表名是表格的名称，扼要概括表的内容，字数不宜太多。表号、表名放在表的正上方，相对于表身居中排版。表号及表名后不加标点符号。表头包括栏头、行头，与表身一起构成表格的主体。表中的竖格称为栏，横格称为行。表身的内容，一般包括数据、文字、公式和表图等。表内的数据对应位要对齐。少数表有表注，表注写在表下面，且字号应比表号、表名的字小一号。

所有表格均应在正文中予以引用。引用某表格时，一般写为"……见表 x.y"或"表 x.y 是……"。表格应尽量靠近正文的叙述，一般应先见文，后见表，表不跨节。表格允许转页。表格转页部分可以不写表号和表名，但要重复书写表头，并在表头右上角写"(续)"字标注。

表中文字、表号和表名，统一采用小五号宋体。

(4) 正文中的公式。

公式一般另行居中写，公式末不加标点符号。若公式前有文字，如例、解、证、假定等，文字顶格写，公式仍居中写。一行写不下时，公式允许转行。公式转行需处理得当，做到既意义正确，又使版面美观匀称。

公式要有编号，公式编号按章编，如第 2 章的公式为(2.1)、(2.2)、…，第 3 章的公式为(3.1)、(3.2)、…。公式编号写在公式右侧行末顶边线，并加圆括号。

公式一般应在正文中予以引用，引用时以公式编号指示公式。正文中常有公式中表示量的符号说明，采用"式中"二字作为标识。一般可写成接排形式，如"式中，A 指……；B

指……"。

5. 参考文献

参考文献属于正文后的辅文部分，是正文中对某一著作或论文等文献内容的参考或借鉴过的文献。所列参考文献一般仅限于作者亲自阅读过且发表在公开出版物上的文献，非此类文献一般不能作为参考文献，慎用互联网上的文献。

文后所列参考文献是报告中引用文献出处的目录表，务必在正文中出现过引用标识。列示参考文献时，要求著录项目齐全，格式规范，其要点如下。

(1) 允许列入公开出版的图书、期刊的文章、专利、硕士和博士论文、科技报告等。未公开发表的文章和非正式出版物等请勿列入。

(2) 文献的著录项目及其次序，有以下几种情况。

① 图书：[序号] 作者. 书名. 版本(第×版). 译者. 出版地：出版者，出版年：起页-止页.

② 期刊：[序号] 作者. 文章名称. 期刊名称，年号，卷号(期号)：起页-止页.

③ 会议论文集：[序号] 作者. 文章名称. In(见):整本文集的编者姓名 ed. (多编者用 eds.). 文集名. 会址. 开会年. 出版地：出版者，出版年：起页-止页.

④ 专利：[序号] 专利申请者. 专利题名. 专利国别，专利文献种类，专利号，出版年：起页-止页.

⑤ 学位论文：[序号] 作者. 题名[博士或硕士学位论文]. 保存地点：保存单位(如××科技大学)，年份.

⑥ 网页：[序号] URL: 网络地址，如 URL：http://www.tup.com.cn.

(3) 所有参考文献均应在正文中予以引用，引用方式分以下两种情况。

① 在正文中附注参考文献时，把所有文献的号码连同方括号一并放在加注处的右上角，例如："TCP/IP[3-6,9]是……"。

② 所提及的文献作为叙述文中的直接说明语时，其编号连方括号应与正文并排，例如："……见文献[2,3-6]"。

方括号内可为单个文献的编号，如[2]；也可为若干参考文献编号的罗列，如[2,6,9]；也可为用"x-y"表示的序号区间，如[3-6]；或以上形式的组合，如[2,3-6]。

(4) 其他注意事项。

① 序号编制顺序：参考文献的序号依据引用先后编制，即第一篇被引用的参考文献编号为1，第二篇被引用的参考文献编号为2，以此类推。

② 文献若属第1版，则参考文献著录项目"版次"一项可略。

③ 若为多作者的文献，则作者之间用逗点"，"隔开。作者超过3个时，只著录前3个，其后加"等"(英文用 et al.)。外文作者采用姓在前、名在后的书写形式。外国人的名可以缩写为首字母，缩写的名后不加圆点"."。

④ 无出版地的中文文献要注明"[出版地不详]"，英文文献注明[S.L.]；无出版者的中文文献注明"[出版者不详]"，英文文献注明[S.N.]。

⑤ 网页作为参考文献，除非必要，尽量少用。

⑥ 参考文献引用时标注位置不能在章、节的标题上，如"2.3 软件测试方法概述[1,3-6]"为不正确的标注，必须引用在正文的文字段落中。同时，标注位置要在句末的标点符号以内，不

能先写标点符号，再标参考文献，如"……网络协议 TCP/IP 等。[3-6,9]"亦为不正确的标注。

所列参考文献统一采用小四号宋体/Times New Roman 和 1.25 倍行距。

6. 附录

附录属于报告的辅文部分，非必需内容。只列入不便编入正文但与正文有关的参考文件，以及其他提供查核的索引、文献、图表、计算机程序、测试模拟数据集与测试结果、系统技术文档、主要设备与仪器仪表的性能指标和测试精度等各类资料和数据。但一般在通用手册或图书中可查到的内容不必编入。附录应另起一页，以"附录 X"形式单独编顺序号。

2.3　课程实验其他相关要求

1. 课程实验提交的资料

完成课程实验后，每名学生应提交本次课程实验纸质报告，并以班级为单位刻录包括课程实验报告在内的相关电子版的资料光盘。每名学生的相关电子版资料，存放在以"学号+姓名"为名称的文件夹下。光盘中相关电子版的资料，可以是源程序、目标程序和操作手册等内容。

2. 指导教师的职责

(1) 根据学科发展，负责适时修订教学大纲内容。

(2) 负责制定并下达课程实验任务书。课程实验任务书应该包含课程实验的题目名称和内容要求。

(3) 负责课程实验全程指导，包括课程实验任务讲解、实验过程答疑、报告撰写详细提纲和报告格式规范化指导。

(4) 负责课程实验成绩评定与工作总结。

附件 2-1   课程实验报告封面格式

×××大学

课 程 实 验 报 告

课程名称 _____

学　　号 _____

姓　　名 _____

学院(系) _____

专　　业 _____

年级班级 _____

指导老师 _____

20××年至20××年 第×学期

附件 2-2　课程实验报告实验项目列表格式

实验项目列表

序号	实验项目名称	成绩	指导教师
1			
2			
3			
4			
5			
6			
7			
8			
9			
10			
11			
12			
13			
14			
15			
16			
17			
18			
19			

附件 2-3　课程实验报告正文格式

×××大学×××学院实验报告

实验室号＿＿＿＿＿＿＿＿　实验设备号＿＿＿＿＿＿　实验时间＿＿＿＿＿＿

指导教师＿＿＿＿＿＿＿＿＿＿＿＿＿＿＿＿　成　　绩＿＿＿＿＿＿

1. 实验名称
×××××

2. 实验目的和要求
×××××

3. 主要仪器设备(实验用的软硬件环境)
×××××

4. 实验原理
×××××

5. 实验内容与实验步骤
×××××

6. 实验数据记录与分析(处理)
×××××

7. 实验总结
×××××

第 3 章
课程教学大纲

课程名称：数据库系统及应用　　　课程编码：*****
课程类型：理论+实践　　　　　　课程性质：必修
总学时：64 学时(其中实验 16 学时)　　总学分：4
适用专业：计算机科学与技术、网络工程、软件工程等

3.1 大纲说明

1. 课程性质

(1) 课程类型、性质、作用。

"数据库系统及应用"是计算机各专业的核心课程之一，也是一门理论性和实践性都很强的课程，具有知识体系完整、理论丰富、实践性强、技术发展迅速等特点。

近年来，数据库技术不断发展、创新、完善，并广泛应用于社会各行各业。特别是随着 Internet 的发展与普及，基于网络和数据库技术的信息管理系统、应用系统得到了飞速的发展与深入广泛的应用，作为其后台与基础的数据库技术也在不断发展中被赋予了新的能力，成为发展最快、应用最广的技术之一。目前，绝大多数计算机应用都需要数据库技术的支撑，数据库已经成为计算机信息系统与应用系统的核心技术和重要基础。

在该课程的教学中，不仅应教会学生数据库的基本知识，使学生能够正确理解数据库的基本原理，熟练掌握数据库的设计方法和应用技术，更应激发学生对数据库及相关知识的兴趣，培养学生独立探求新技术、新方法的能力，使其成为适应能力强并富有创造才能的专门人才。

(2) 课程与专业培养目标关联。

通过本课程的学习，学生应掌握数据库系统的基本概念、基本原理、数据库系统的设计方法和实现技术，具有初步分析实际数据库应用的能力。本课程培养学生分析问题、解决问题的基本能力，培养工程实用型人才，为学生今后在相关领域开展工作打下坚实的基础。

(3) 本课程与其他课程的关联。

先修课程：离散数学、数据结构与算法、软件工程及应用。

后续课程：数据仓库、数据挖掘、云计算与大数据。

2. 课程目标与基本要求

(1) 通过本课程的学习，使学生理解数据库系统的基本原理和基本概念。了解数据管理技术的发展历程及当今数据库的新技术；了解各种数据模型的特点，关系数据库基本概念，关系代数，SQL 语言和数据库的安全性等；了解关系数据库管理系统中查询优化的重要性；了解关系数据理论的基本概念。

(2) 掌握数据库的三种数据模型的特点、数据库模型的三级模式结构及二级映射；掌握关系代数和关系数据库标准语言 SQL 的语法结构和基本语句；掌握数据库设计的阶段划分和每个阶段的主要工作；掌握规范化理论及其在数据库设计中的作用；掌握数据库数据的安全保护；掌握数据库设计的方法和步骤。

(3) 学生具备使用基本的数据库技术和方法的能力；具备数据库应用系统的分析、设计和实现的能力与技能；具备运用数据库技术解决实际问题的能力。激发学生在数据库领域中继续学习和研究的愿望。

3. 课程基本内容与学时分配(表 3-1)

表 3-1 课程基本内容与学时分配

各章(单元)内容	理论学时	实验学时	学时合计
第 1 章　数据库系统概述	6	0	6
第 2 章　关系数据库	6	0	6
第 3 章　关系数据库标准语言 SQL	12	8	20
第 4 章　关系数据库理论	4	0	4
第 5 章　数据库安全保护	2	2	4
第 6 章　数据库设计	8	2	10
第 7 章　SQL Server 应用	10	4	14
合计	48	16	64

4. 重点难点

(1) 课程重点：理论和实际相结合，根据需求进行 E-R 模型设计和优化。

(2) 课程难点：函数依赖、范式。

(3) 综合素质重点：在教学过程中，让学生了解数据库行业技术背景，使学生建立"技术强国"思想，激发学生的爱国主义热情。教师在授课过程中，着重加强学生思想品德教育，教导学生步入工作岗位后，要确保所接触到的数据信息的安全，杜绝恶意泄露数据信息；教导学生在未来的工作中，要时刻牢记"技术强国"，努力提升自身的技术能力水平，保持爱国心，坚定报国志。

在数据库系统及应用课程教学中挖掘美的情愫，并引导学生加以欣赏，以培养他们感受美、体验美、创造美、鉴赏美的能力，从而提高他们的审美情趣。

通过实践教学，培养学生热爱劳动的习惯，提升学生的劳动态度、保证学生在学校学习的过程中不断对自身能力进行提升与训练，提升自身综合质量，培养学生工匠精神。

5. 教学模式

(1) 课堂教学：占总课时 75%，共 48 学时，在多媒体教室讲授，其中教师讲授课时 36 学时，学生线上学习及汇报 12 学时；每周布置作业或实验 1 次。

(2) 线上线下结合教学：建议学生在课余时间提前在智慧树平台自学，参考线上的教学计划，并结合自己的基础调整教学进度，线上学习课时不占大纲计划的课时数。

(3) 实验教学：课内实验教学占 25%，共 16 学时，课内实验项目共 15 个，其中必做项目 10 个，选作项目 5 个，实验教学在专业实验室完成。

6. 课程考核方式与成绩评定办法

(1) 课程考核方式：期末统一闭卷考试。

(2) 成绩评定办法：采用百分制计分，过程性考核占 40%，期末试卷考核 60%。

7. 建议教材与参考书

(1) 建议教材：

[1] 王珊，萨师煊. 数据库系统概论(第 5 版)[M]. 北京：高等教育出版社，2014.

[2] 胡致杰，等. 数据库系统及应用课程设计与实验指导[M]. 北京：清华大学出版社，2018.

(2) 建议参考资料：

[1] 陈志泊. 数据库原理及应用教程(第 4 版)[M]. 北京：人民邮电出版社，2017.

[2] 王六平，等. 数据库系统原理与应用(第二版)[M]. 武汉：华中科技大学出版社，2019.

[3] 王亚平，等. 数据库系统工程师教程(第 3 版)[M]. 北京：清华大学出版社，2018.

[4] 刘金岭，等. 数据库原理及应用 SQL Server 2012[M]. 北京：清华大学出版社，2020.

3.2　理论教学内容与要求

第 1 章　数据库系统概述

1. 教学目的和要求

(1) 了解数据管理技术的产生和发展、数据库系统的特点、层次数据模型及网状数据模型的基本概念、数据库系统的组成和 DBA 的职责、数据库技术的主要研究领域等。

(2) 牢固掌握数据库领域基本概念：数据、数据库、数据库管理系统、数据库系统；数据模型的概念、组成要素及常用的数据模型；概念模型的基本概念及其主要建模方法(E-R 图)；关系数据模型的相关概念，如关系、属性、域、元组、主码、分量、关系模式；数据库系统三级模式和两级映像的体系结构、数据库系统的逻辑独立性和物理独立性等。

(3) 具备举一反三地通过 E-R 方法来描述现实世界的概念模型的能力。

2. 教学基本内容

信息、数据、数据处理与数据管理，数据库技术的产生、发展，数据库系统的组成、数据库系统的内部体系结构、数据库系统的外部体系结构，数据库管理系统、数据模型、三个世界及其有关概念，四种数据模型、数据库领域的新技术。

第2章 关系数据库

1. 教学目的和要求

(1) 了解关系数据库理论产生发展的过程、关系数据库产品的发展、关系演算的概念。

(2) 掌握关系模型的三要素及各要素所包括的主要内容,关系数据结构及其形式化定义(域、笛卡儿积、关系、关系模式、关系数据库模式),关系的三类完整性约束。

(3) 具备应用关系代数中的各种运算(并、交、差、选择、投影、连接、除、广义笛卡儿积)完成各种数据操纵的能力。

2. 教学基本内容

关系模型、关系数据结构及形式化定义、关系的完整性、关系代数。

第3章 关系数据库标准语言 SQL

1. 教学目的和要求

(1) 了解 SQL 语言、关系数据库技术和 RDBMS 产品的发展过程。

(2) 掌握 SQL 语言的特点与两种使用方式、SQL 语言与非关系模型数据语言的异同、视图的概念和作用、SQL 语言对关系数据库模式的支持。

(3) 具备熟练地使用 SQL 语言完成对数据库的更新操作和查询操作的能力。

2. 教学基本内容

SQL 的基本概念与特点、SQL Server 2019 简介、数据库的创建和使用、数据表的创建和使用、单关系(表)的数据查询、多关系(表)的连接查询、子查询、其他类型查询、数据表中数据的操作、视图的创建与使用。

第4章 关系数据库理论

1. 教学目的和要求

(1) 了解规范化理论的重要意义、数据库模式操作异常的概念、数据库模式好与坏的衡量标准。

(2) 掌握关系的形式化定义、数据依赖的基本概念、范式的概念、从 1NF 到 BCNF 的定义、规范化的含义和作用。

(3) 具备应用范式优化数据模型的能力。

2. 教学基本内容

函数依赖、函数依赖闭包、属性闭包,范式、2NF、3NF、BCNF,数据依赖的公理系统,最小函数依赖。

第5章 数据库安全保护

1. 教学目的和要求

(1) 了解数据库安全性保护的含义,数据库一致性状态的含义;数据库运行中可能产生的故障类型以及它们对数据库的破坏;数据转储的概念和分类;数据库并发控制技术的必要性,活锁与死锁的概念。

(2) 掌握实现数据库安全性控制的常用方法和技术，数据库中自主存取控制方法和强制存取方法，事务的基本概念和 ACID 性质，数据库恢复的实现技术。

2. 教学基本内容

数据库的安全性、并发控制与封锁、数据库的恢复。

第 6 章　数据库设计

1. 教学目的和要求

(1) 了解数据库设计的特点、数据库物理设计的内容和评价、数据库的实施和维护。

(2) 掌握数据库设计的基本步骤，数据库设计过程中数据字典的内容，数据库设计各个阶段的设计内容、设计描述、设计方法等。

(3) 具备根据需求设计 E-R 图，并将 E-R 图向关系模型转换的能力。

2. 教学基本内容

数据库应用系统设计的特点、方法和步骤，需求分析，概念结构设计，逻辑结构设计，数据库的物理设计，数据库的实施和维护。

第 7 章　SQL Server 应用

1. 教学目的和要求

(1) 了解 Transact-SQL 程序设计的基本语法，存储过程的概念、优点及分类，触发器的工作原理，备份和还原概述。

(2) 掌握变量、流程控制语句、常用函数，存储过程，触发器，备份数据库、还原数据库等。

(3) 具备创建存储过程、创建触发器的能力。

2. 教学基本内容

Transact-SQL 程序设计、存储过程、触发器、备份和还原。

3.3　课程内实验内容与要求

1. 实验项目设置及学时分配(表 3-2)

表 3-2　实验项目设置及学时分配

序号	实验项目	实验学时	实验类型	实验要求
1	数据库定义	1	验证、设计	必做
2	数据表定义	2	验证、设计	必做
3	索引定义	1	验证、设计	选做
4	数据更新	2	验证、设计	必做
5	简单数据查询	2	验证、设计	必做

序号	实验项目	实验学时	实验类型	实验要求
6	复杂数据查询	2	验证、设计	必做
7	视图	1	验证、设计	必做
8	数据库安全性	1	验证	必做
9	数据库备份和恢复	2	验证	选做
10	Transact-SQL 程序设计	2	验证、设计	选做
11	函数	1	验证、设计	选做
12	游标	1	验证、设计	选做
13	存储过程	2	验证、设计	必做
14	触发器	1	验证、设计	必做
15	数据库设计	2	综合	必做

2. 实验内容

实验1 数据库定义

实验目的：了解 SQL Server 数据库的逻辑结构和物理结构，熟练掌握使用对象资源管理器和 Transact-SQL 语句操作数据库的方法。

实验内容：使用对象资源管理器和 Transact-SQL 语句创建、修改、删除、分离和附加数据库。

实验2 数据表定义

实验目的：理解关系数据库中的各类完整性约束，熟练掌握使用对象资源管理器和 Transact-SQL 语句操作数据表的方法。

实验内容：使用对象资源管理器和 Transact-SQL 语句创建、修改和删除数据表，并实现数据表中各类完整性约束。

实验3 索引定义

实验目的：理解关系数据库中索引的功能，掌握索引设计原则和技巧，掌握利用对象资源管理器和 Transact-SQL 语句管理索引的方法。

实验内容：针对给定的数据库模式和具体应用需求，使用对象资源管理器和 Transact-SQL 语句创建和删除索引。

实验4 数据更新

实验目的：理解数据更新中的完整性约束，掌握利用对象资源管理器和 Transact-SQL 语句进行数据更新的方法。

实验内容：使用对象资源管理器和 Transact-SQL 语句完成数据的插入、修改和删除。

实验5 简单数据查询

实验目的：掌握 SELECT 查询语句的一般格式，理解和掌握 SELECT 查询语句各个子句的特点和作用，熟练掌握运用 Transact-SQL 语句实现简单数据查询。

实验内容：使用 Transact-SQL 语句实现单表查询、多表查询、分组查询和聚集函数查询，以及对查询结果排序。

实验 6　复杂数据查询

实验目的：理解相关子查询与不相关子查询，掌握各种复杂数据查询的方法，理解查询方法的多样性。

实验内容：使用 Transact-SQL 语句实现嵌套查询、集合查询和基于派生表的查询，使用查询实现数据的批量更新。

实验 7　视图

实验目的：理解视图的概念和视图消解的原理；掌握在 SQL Server 中建立、修改和删除视图的方法；掌握利用视图简化查询的方法。

实验内容：针对给定的数据库模式和具体应用需求定义视图、更新视图和查询视图。

实验 8　数据库安全性

实验目的：理解和体会数据库安全性的内容，掌握自主存取控制权限的定义和维护方法，掌握 SQL Server 中用户、角色和权限的管理方法。

实验内容：创建数据库登录账号，并为其分配服务器角色。创建数据库用户账号，为其分配数据库角色，并进行自主存取权限控制。

实验 9　数据库备份和恢复

实验目的：了解数据库恢复的基本原理，掌握数据库数据转储备份、逻辑恢复和物理恢复的方法，掌握 SQL Server 中数据备份和恢复机制。

实验内容：使用对象资源管理器和 Transact-SQL 语句实现数据库的完全备份、差异备份、事务日志备份和恢复。

实验 10　Transact-SQL 程序设计

实验目的：掌握 Transact-SQL 编程语言的基本数据类型、局部变量和全局变量、流程控制结构的使用。

实验内容：Transact-SQL 局部变量的定义、赋值及输出，流程控制语句的使用。

实验 11　函数

实验目的：掌握常用内置函数的使用方法，掌握用户自定义函数的方法。

实验内容：根据实际需要，自定义满足需求的函数。

实验 12　游标

实验目的：熟悉游标的基本概念，掌握游标的定义和使用方法。

实验内容：根据实际需要，能够创建满足需求的游标。

实验 13　存储过程

实验目的：理解存储过程的概念和功能；掌握存储过程定义和调用的方法；根据实际需要，能够创建满足需求的存储过程。

实验内容：存储过程定义和调用，存储过程中的参数传递，规范设计存储过程。

实验 14　触发器

实验目的：理解触发器的概念和工作原理；掌握触发器定义和触发的方法；根据实际需要，能够创建满足需求的触发器。

实验内容：定义 DDL 触发器和 DML 触发器，并验证触发器的有效性。

实验 15　数据库设计

实验目的：掌握数据库设计的方法和主要步骤，掌握概念结构设计的方法和工具，掌握概念结构到逻辑结构的转换原则，掌握数据库模式优化的主要内容和常用方法。

实验内容：根据具体的应用场景，进行概念结构设计，绘制 E-R 图；将 E-R 图转换成关系模型，并注明主码；写出各关系模式中的函数依赖集，并判断各关系模式属于第几范式，如果没有达到第三范式，进行规范化。

3. 考核与报告

(1) 实验报告要求。

实验报告的撰写、排版、打印和装订要符合《课程实验规范》的要求。

(2) 考核方式与成绩评定。

主要采用过程考核的方式，期末成绩取每次实验报告成绩的平均成绩，如果实验成绩不合格，不准参加理论考试。

第 4 章
课程实验项目

实验准备　熟悉实验环境

一、SQL Server 2019 简介

SQL Server 2019 是微软发布的新一代数据平台产品，也是目前最流行的关系数据库开发平台之一。SQL Server 2019 支持多层客户机/服务器结构、支持浏览器/服务器结构、支持多种开发平台和远程管理、支持云技术与平台，具有强大的数据库管理功能，可以满足成千上万用户海量数据管理需求。

SQL Server 2019 可分为 5 种不同的版本，分别是企业版(Enterprise Edition)、标准版(Standard Edition)、Web 版、开发版(Developer Edition)和精简版(Express Edition)。

二、SQL Server Management Studio 的启动和退出

1. 启动

SQL Server 2019 安装完成后，在"开始"菜单中单击 SQL Server Management Studio(SSMS)，进行启动登录。在"连接到服务器"对话框中，"服务器类型"默认选择"数据库引擎"；"服务器名称"默认选择要连接的数据库实例名；"身份验证"默认选择"Windows 身份验证"，如图 4-1 所示。

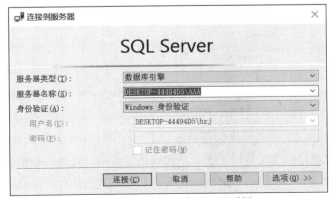

图 4-1　"连接到服务器"对话框

单击"连接"按钮，实现 SSMS 与指定服务器的连接，连接成功后弹出如图 4-2 所示的工作界面，即代表 SQL Server Management Studio 成功启动。

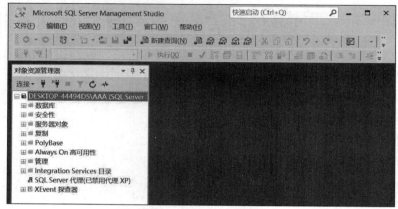

图 4-2　SSMS 工作界面

2. 退出

在 SQL Server Management Studio 工作界面中，单击界面右上角的"关闭"按钮，可关闭 SQL Server Management Studio 工具；选择工作界面左上角的"文件"菜单下的"退出"选项，即可退出 SQL Server Management Studio。

三、SQL Server Management Studio 的界面及功能

SQL Server Management Studio 启动后，默认情况下只显示"已注册的服务器"组件窗口和"对象资源管理器"组件窗口。可在"视图"菜单中选择"模板资源管理器"选项或"对象资源管理器详细信息"选项，弹出相应的组件窗口，如图 4-3 所示。

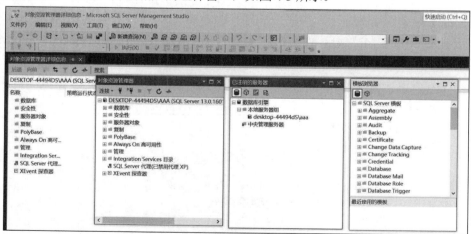

图 4-3　SSMS 工作界面组件窗口

另外，用户可以通过单击工具栏上的"新建查询"按钮，打开一个新的"查询编辑器"窗格，在代码编辑器窗口中可以输入 Transact-SQL 语句并执行。执行后，查询编辑器会呈现 3 个窗格，分别是"代码编辑器"窗格、"结果"窗格和"消息"窗格，如图 4-4 所示。

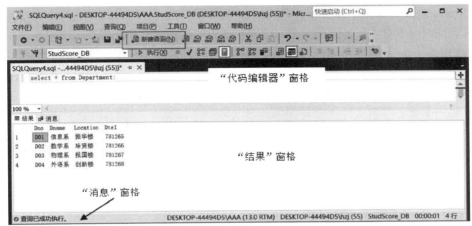

图 4-4　查询编辑器窗格

实验1　数据库定义

一、实验名称和类型

实验名称	数据库的创建、修改、迁移和删除
实验学时	1
实验类型	☑验证　　　□综合　　　☑设计
实验要求	☑必做　　　□选做

二、实验目的

(1) 熟悉 SQL Server 2019 中 SQL Server Management Studio 的环境。

(2) 了解 SQL Server 2019 数据库的逻辑结构和物理结构。

(3) 掌握利用对象资源管理器和 Transact-SQL 语句创建、修改、删除、分离和附加数据库的方法。

三、实验软硬件环境要求

(1) 装有 SQL Server 2019 的 PC 机。

(2) 建立和修改数据库,需要是 dbcreator 固定服务器角色的成员,或被显式地授予 CREATE DATABASE 权限。

四、知识准备

(1) SQL 全称是结构化查询语言(structured query language),1974 年由 Boyce 和 Chamberlin 提出。SQL 语言结构简洁,功能强大,简单易学,集数据定义(data definition)、数据操作(data manipulation)和数据控制(data control)功能于一体,充分体现了关系数据库语言的特点和优点。

(2) Transact-SQL 简称 T-SQL,是 SQL Server 对标准 SQL 语言的扩充,它支持所有标准 SQL 语言操作,同时又有许多功能上的扩展,主要扩展内容包括变量和流程控制语句等。

(3) SQL Server 数据库可划分为逻辑视图和物理视图。逻辑视图是用户能看到和可操作的数据库,通常用多个逻辑组件来表示,如基本表、视图、索引和存储过程等。物理视图是数据库在磁盘上的文件存储,由数据文件(.mdf)和事务日志文件(.ldf)组成,一个数据库至少应有一个数据文件和一个事务日志文件。

(4) Transact-SQL 语言使用 CREATE DATABASE 语句定义数据库,基本格式如下。

```
CREATE DATABASE 数据库名称
[ON
[PRIMARY 文件组名称]
(NAME=数据文件逻辑名称,
FILENAME='路径+数据文件物理名称'
[,SIZE=数据文件初始大小]
[,MAXSIZE=数据文件最大容量]
[,FILEGROWTH=数据文件自动增长容量]
)]
[LOG ON
(NAME=日志文件逻辑名称,
FILENAME='路径+日志文件物理名称'
[,SIZE=日志文件初始大小]
[,MAXSIZE=日志文件最大容量]
[,FILEGROWTH=日志文件自动增长容量]
)]
[COLLATE 数据库排序规则名称]
[FOR ATTACH];
```

(5) Transact-SQL 语言使用 ALTER DATABASE 语句修改数据库,基本格式如下。

```
ALTER DATABASE 数据库名称
ADD FILE(具体文件格式)              /*添加数据文件*/
[, ...n]
[TO FILEGROUP 文件组名]
| ADD LOG FILE(具体文件格式)        /*添加事务日志文件*/
[, ...n]
| REMOVE FILE 文件逻辑名称          /*删除逻辑文件和物理文件*/
| MODIFY FILE(具体文件格式)         /*修改指定的文件*/
        |ADD FILEGROUP 文件组名         /*添加文件组*/
| REMOVE FILEGROUP 文件组名         /*删除文件组*/
| MODIFY FILEGROUP 文件组名         /*修改文件组*/
{
```

READ_ONLY | READ_WRITE,| DEFAULT,| NAME=新文件组名

 };

其中，"具体文件格式"为：

 (

 NAME=文件逻辑名称

 [,FILENAME=新文件物理名称]

 [,SIZE=初始文件大小]

 [,MAXSIZE=文件最大容量]

 [,FILEGROWTH=文件自动增长容量]

)

(6) Transact-SQL 语言使用 DROP DATABASE 语句删除数据库，基本格式如下。

 DROP DATABASE 数据库名称[,...n];

五、实验内容

1. 创建数据库

(1) 使用对象资源管理器创建学籍管理数据库，数据库名为 EDUC，主数据文件初始大小为 10MB，最大为 50MB，数据库自动增长，增长方式按 5%比例增长；日志文件初始为 2MB，最大可增长到 5MB，按 1MB 增长。主数据文件和事务日志文件存放路径为 D:\sql_data。

(2) 使用 Transact-SQL 语句创建一个名称为 test 的数据库，主数据文件逻辑名称为 test_order_dat，物理文件名为 test_orderdat.mdf，初始大小为 10MB，最大为 50MB，增量为 5MB；事务日志文件逻辑名称为 test_order_log，物理文件名为 test_orderlog.ldf，初始大小为 5MB，最大为 25MB，增量为 5MB。主数据文件和事务日志文件存放路径为 E:\Study。

2. 修改数据库

(1) 使用对象资源管理器修改学籍管理数据库 EDUC，修改主数据文件的初始大小为 9MB，最大为 120MB，数据库自动增长，增量为 3MB。

(2) 使用 Transact-SQL 语句修改 test 数据库，为其增加一个次要数据文件，其逻辑名称为 test_new，物理名称为 test_new.ndf，存储路径为 E:\Study，初始大小为 5MB，最大容量不受限制，每次增长 10%。

3. 迁移(分离、附加)数据库

将学籍管理数据库 EDUC 迁移到 D:\Study 目录下。

4. 删除数据库

(1) 使用对象资源管理器删除学籍管理数据库 EDUC。

(2) 使用 Transact-SQL 语句删除 test 数据库。

六、实验方法及步骤

1. 实验方法

上机实验时应该一人一组，独立上机。对出现的问题要善于自己发现原因所在，独立处理。

2. 实验步骤

(1) 调出 SQL Server 2019 软件的工作界面，进入 SQL Server Management Studio。

(2) 在查询窗格中，输入已编写好的 Transact-SQL 语句。

(3) 检查输入的 Transact-SQL 语句正确与否。

(4) 执行 Transact-SQL 语句，并分析运行结果是否合理和正确。

(5) 输出程序清单和运行结果。

七、实验报告要求

(1) 实验完成后，要求撰写实验报告，实验报告格式必须符合"课程实验规范"。

(2) 实验报告中必须附实现的 Transact-SQL 语句，并以截图的形式表现出数据库的创建、修改、迁移和删除是否成功，且满足实验内容的要求。

八、思考题

(1) SQL Server 的 CREATE DATABASE 命令在创建数据库时，如何申请物理存储空间？

(2) SQL Server 数据库的逻辑结构和物理结构分别是什么？

实验 2 数据表定义

一、实验名称和类型

实验名称	数据表的创建、修改和删除		
实验学时	2		
实验类型	☑验证	□综合	☑设计
实验要求	☑必做	□选做	

二、实验目的

(1) 理解关系数据库中的各类完整性约束。

(2) 掌握利用对象资源管理器和 Transact-SQL 语句创建、修改和删除数据表的方法，并实现数据表中各类完整性约束条件的限定。

三、实验软硬件环境要求

装有 SQL Server 2019 的 PC 机。

四、知识准备

(1) Transact-SQL 语言使用 CREATE TABLE 语句定义基本表，基本格式如下。

CREATE TABLE <表名>(<列名> <数据类型> [列级完整性约束条件]

[,<列名> <数据类型> [列级完整性约束条件]]

…

[,<表级完整性约束条件>]);

<列级完整性约束条件>：涉及相应属性列的完整性约束条件。

<表级完整性约束条件>：涉及一个或多个属性列的完整性约束条件。

(2) 定义基本表时必须对表的完整性约束进行定义，常用的完整性约束如下。

① PRIMARY KEY：主码，用于定义实体完整性。利用表中一列或多列来唯一标识一行数据，确保对应的数据列不为空，且数据不重复。

② FOREIGN KEY：外码，用于定义参照完整性。主要用来维护两个表之间的数据一致性。

③ NOT NULL：列值非空。

④ UNIQUE：列值唯一，主要用于约束主码外的数据列的唯一性。

⑤ CHECK：检查列值是否满足一个条件表达式。

⑥ DEFAULT：列值的默认值，处理用户不包含全部数据列的数据插入。

(3) Transact-SQL 语言使用 ALTER TABLE 语句修改基本表，基本格式如下。

ALTER TABLE <表名>

[ADD [COLUMN]<新列名><数据类型>[完整性约束]]

[ADD<表级完整性约束>]

[DROP[COLUMN]<列名>[CASCADE|RESTRICT]]

[DROP CONSTRAINT<完整性约束名>[CASCADE|RESTRICT]]

[ALTER COLUMN <列名><数据类型>];

(4) Transact-SQL 语言使用 DROP TABLE 语句删除基本表，基本格式如下。

DROP TABLE <表名> [CASCADE|RESTRICT]];

五、实验内容

1. 准备实验环境

使用"实验 1"的技术，创建一个名称为"EDUC_学生学号"(例如，EDUC_2012402606008)的数据库，并保存在学生本人的文件夹中。

2. 创建数据表

某高校拟开发一个教务管理系统，经分析得知，该系统应包含院系表(department)、学生表(student)、教师表(teacher)、课程表(course)和选课表(sc)，各表之间的关系模式导航图，如图 4-5 所示。

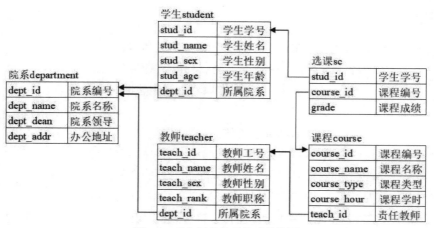

图 4-5　表之间的关系模式导航图

各数据表的具体结构描述，如表 4-1～表 4-5 所示。

表 4-1　院系表(department)

字段名称	数据类型	字段长度	是否为空	PK	FK	其他约束	字段说明
dept_id	CHAR	4	N	Y			院系编号
dept_name	VARCHAR	20	N			UNIQUE	院系名称
dept_dean	VARCHAR	10	Y				院系领导
dept_addr	VARCHAR	20	Y				办公地址

表 4-2　学生表(student)

字段名称	数据类型	字段长度	是否为空	PK	FK	其他约束	字段说明
stud_id	CHAR	9	N	Y			学生学号
stud_name	VARCHAR	20	N				学生姓名
stud_sex	CHAR	2	Y			只能取值"男"或"女"，默认为"男"	学生性别
stud_age	SMALLINT		Y			[15,30]	学生年龄
dept_id	CHAR	4	Y		Y		所属院系参照院系表中的 dept_id

表 4-3　教师表(teacher)

字段名称	数据类型	字段长度	是否为空	PK	FK	其他约束	字段说明
teach_id	CHAR	9	N	Y			教师工号
teach_name	VARCHAR	20	N				教师姓名
teach_sex	CHAR	2	Y			只能取值"男"或"女"	教师性别

续表

字段名称	数据类型	字段长度	是否为空	PK	FK	其他约束	字段说明
teach_rank	VARCHAR	10	Y			只能取值"教授""副教授""讲师"或"助教"	教师职称
dept_id	CHAR	4	Y		Y		所属院系参照院系表中的 dept_id

表 4-4　课程表(course)

字段名称	数据类型	字段长度	是否为空	PK	FK	其他约束	字段说明
course_id	CHAR	9	N	Y			课程编号
course_name	VARCHAR	20	N				课程名称
course_type	VARCHAR	10	Y			只能取值"公共基础""专业基础""专业核心""专业选修"或"任意选修"	课程类型
course_hour	SMALLINT		N				课程学时
teach_id	CHAR	9	Y		Y		责任教师参照教师表中的 teach_id

表 4-5　选课表(sc)

字段名称	数据类型	字段长度	是否为空	PK	FK	其他约束	字段说明
stud_id	CHAR	9	N	Y	Y		学生学号参照学生表中的 stud_id
course_id	CHAR	9	N		Y		课程编号参照课程表中的 course_id
grade	SMALLINT		Y			[0,100]	课程成绩

(1) 在"EDUC_学生学号"数据库中,利用对象资源管理器创建院系表(department)和学生表(student),同时还需完成各个表中的完整性定义。

(2) 在"EDUC_学生学号"数据库中,利用 Transact-SQL 语句创建教师表(teacher)、课程表(course)和选课表(sc),同时还需完成各个表中的完整性定义。

3. 修改数据表

(1) 在"EDUC_学生学号"数据库中,使用对象资源管理器完成以下修改操作:

① 在学生表(student)中,增加"入学时间"属性列,属性名为 stud_entrance,数据类型为日期型。

② 在学生表(student)中，将"学生年龄(stud_age)"属性列的数据类型改为 INT 型。

(2) 在"EDUC_学生学号"数据库中，使用 Transact-SQL 语句完成以下修改：

① 在课程表(course)中，增加"课程名称(course_name)"必须取唯一值的约束条件。

② 在学生表(student)中，将"学生性别(stud_sex)"允许取空值改为不允许取空值。

③ 在学生表(student)中，删除"入学时间(stud_entrance)"属性列。

4. 删除数据表

在"EDUC_学生学号"数据库中，创建两张空表 test1 和 test2，再分别使用对象资源管理器、Transact-SQL 语句将其删除。

六、实验方法及步骤

1. 实验方法

上机实验时应该一人一组，独立上机。对出现的问题要善于自己发现原因所在，独立处理。

2. 实验步骤

(1) 调出 SQL Server 2019 软件的工作界面，进入 SQL Server Management Studio。

(2) 在查询窗格中，输入已编写好的 Transact-SQL 语句。

(3) 检查输入的 Transact-SQL 语句正确与否。

(4) 执行 Transact-SQL 语句，并分析运行结果是否合理和正确。

(5) 输出程序清单和运行结果。

七、实验报告要求

(1) 实验完成后，要求撰写实验报告，实验报告格式必须符合"课程实验规范"。

(2) 实验报告中必须附实现的 Transact-SQL 语句，并以截图的形式表现出数据表的创建、修改和删除是否成功，且满足实验内容的要求。

八、思考题

(1) 在创建基本表时，如果未定义完整性约束条件，对数据库会有何影响？

(2) 在定义外码约束时，如果主表主码的数据类型与从表外码的数据类型不一致，以谁为准？

实验3 索引定义

一、实验名称和类型

实验名称	索引的创建和删除		
实验学时	1		
实验类型	☑验证	□综合	☑设计
实验要求	□必做	☑选做	

二、实验目的

(1) 理解关系数据库中索引的功能。

(2) 掌握利用对象资源管理器和 Transact-SQL 语句创建和删除索引的方法。

三、实验软硬件环境要求

装有 SQL Server 2019 的 PC 机。

四、知识准备

(1) 在 SQL86 和 SQL89 标准中，因基本表中没有主码概念，故需要使用索引进行弥补。基本表中建立多个索引，就可以提供多种存取路径，加快查询速度，但索引是基于物理存储的路径概念而不是逻辑概念。如果在定义基本表时还定义索引，就是将数据库的物理结构和逻辑结构混在一起，因此 SQL 新标准都不主张使用索引，而是在创建基本表时以主码代替索引。只要建立了主码，系统就会自动在主码上建立索引，特殊需要时，建立、选择和删除索引由 DBA 或基本表的属主完成。

(2) 由于 DBMS 在存取数据时会自动选择合适的索引作为存取路径，用户不能显式地选择索引，也不必建立索引。但迄今的大多数 DBMS 仍然支持通常意义下的索引机制，SQL 新标准也提供相应的索引创建与删除语句，可在基本表上建立一个或多个索引。根据数据库的功能，在 SQL Server 2019 中可创建的索引类型有唯一索引、聚集索引和非聚集索引等。

(3) 在 SQL 语言中，建立索引使用 CREATE INDEX 语句，其基本格式如下。

　　　　CREATE [UNIQUE][CLUSTER]INDEX <索引名>

　　　　　　ON <表名>(<列名>[<次序>][,<列名>[<次序>]]...);

(4) 索引建立后，由 DBMS 进行使用和维护，不需要用户干预。但对于一些不必要的索引可将其进行删除，删除索引的格式为：

　　　　DROP INDEX <索引名>;

【注意】DROP INDEX 只能删除用户使用 CREATE INDEX 语句所建立的索引，不能删除 SQL Server 为 PRIMARY KEY 及 UNIQUE 约束所建立的索引，这些索引只能通过删除约束或删除表的方法来删除。

五、实验内容

在"EDUC_学生学号"数据库中，完成以下索引操作。

1. 创建索引

(1) 使用对象资源管理器创建以下索引：

① 在教师表(teacher)的"教师姓名(teach_name)"属性列上建立非聚集降序索引。

② 在课程表(course)的"课程名称(course_name)"属性列上建立唯一索引。

(2) 使用 Transact-SQL 语句创建以下索引：

① 在学生表(student)的"学生姓名(stud_name)"属性列上建立聚集索引。

② 在选课表(sc)的"学生学号(stud_id)"升序、"课程编号(course_id)"升序、"课程成绩(grade)"降序三个属性列上建立非聚集索引。

2. 删除索引

(1) 使用对象资源管理器删除学生表(student)中"学生姓名(stud_name)"属性列上的聚集索引。

(2) 使用 Transact-SQL 语句删除课程表(course)中"课程名称(course_name)"属性列上唯一索引。

六、实验方法及步骤

1. 实验方法

上机实验时应该一人一组，独立上机。对出现的问题要善于自己发现原因所在，独立处理。

2. 实验步骤

(1) 调出 SQL Server 2019 软件的工作界面，进入 SQL Server Management Studio。

(2) 在查询窗格中，输入已编写好的 Transact-SQL 语句。

(3) 检查输入的 Transact-SQL 语句正确与否。

(4) 执行 Transact-SQL 语句，并分析运行结果是否合理和正确。

(5) 输出程序清单和运行结果。

七、实验报告要求

(1) 实验完成后，要求撰写实验报告，实验报告格式必须符合"课程实验规范"。

(2) 实验报告中必须附实现的 Transact-SQL 语句，并以截图的形式表现出索引的创建和删除是否成功，且满足实验内容的要求。

八、思考题

(1) 在数据表上建立索引的主要目的是什么？

(2) 唯一索引、聚集索引和非聚集索引三者之间的区别是什么？

实验4 数据更新

一、实验名称和类型

实验名称	数据的插入、修改和删除		
实验学时	2		
实验类型	☑验证	□综合	☑设计
实验要求	☑必做	□选做	

二、实验目的

(1) 掌握利用对象资源管理器和 Transact-SQL 语句插入、修改和删除数据的方法。

(2) 理解数据更新中的完整性约束。

三、实验软硬件环境要求

装有 SQL Server 2019 的 PC 机。

四、知识准备

(1) Transact-SQL 提供了 INSERT 语句来插入数据。通常有两种形式,一种是插入一个元组,另一种是插入多个元组。

① 插入一个元组。插入一个元组的 INSERT 语句格式为:

INSERT INTO <表名> [(<属性列1> [,<属性列2> ...)]

VALUES(<常量 1> [,<常量 2>] ...);

② 插入多个元组,包括以下格式。

- 插入多行常值记录的 INSERT 语句,其语法格式为:

  INSERT INTO <表名> (属性列)

  SELECT <列值1> UNION

  SELECT <列值2> UNION

  …

  SELECT <列值n>;

- 简化的插入多行常值记录的 INSERT 语句,其语法格式为:

  INSERT INTO <表名> (属性列)

  VALUES(<列值1>),(<列值2>),...(<列值n>);

(2) Transact-SQL 提供了 UPDATE 语句来修改数据,其语法格式为:

UPDATE <表名>

SET <列名1>=<表达式1> [,<列名2>=<表达式2>] …

[WHERE <条件>];

(3) Transact-SQL 提供了 DELETE 语句来删除数据,其语法格式为:

DELETE FROM <表名>

[WHERE <条件>];

(4) 数据更新中,DBMS 应检查数据是否满足完整性约束条件。一般在 INSERT、UPDATE、DELETE 语句执行后开始检查,也可以在事务提交时检查。检查这些操作执行后数据库中的数据是否违背了完整性约束条件。若发现用户的操作违背了完整性约束条件,将采取一定的动作,如拒绝(NO ACTION)执行该操作或者级联(CASCADE)执行其他操作,以保证数据的完整性。

五、实验内容

在"EDUC_学生学号"数据库中,完成以下数据更新操作。

1. 插入数据

(1) 使用对象资源管理器,向院系表(department)和学生表(student)中插入数据,具体数据见表4-6、表4-7。

表 4-6   院系表(department)数据

dept_id (院系编号)	dept_name (院系名称)	dept_dean (院系领导)	dept_addr (办公地址)
D01	计算机学院	李小平	振华楼
D02	外国语学院	潘泽峰	培贤楼
D03	经管学院	季东强	报国楼
D04	建设学院	张明辉	创新楼

表 4-7   学生表(student)数据

stud_id (学生学号)	stud_name (学生姓名)	stud_sex (学生性别)	stud_age (学生年龄)	dept_id (所属院系)
20220101	李勇	男	19	D01
20220102	刘晨	女	18	D01
20220103	杨扬	男	19	D01
20220206	王敏	女	20	D02
20220210	欧阳雨	男	19	D02
20220304	王丹丹	女	19	D03
20220305	张力	男	20	D03
20220401	张力	男	19	D04
20220402	刘依依	女	18	D04

(2) 使用 Transact-SQL 语句,向教师表(teacher)、课程表(course)和选课表(sc)中插入数据,具体数据见表4-8～表4-10。

表 4-8   教师表(teacher)数据

teach_id (教师工号)	teach_name (教师姓名)	teach_sex (教师性别)	teach_rank (教师职称)	dept_id (所属院系)
T01	王军	男	教授	D01
T02	李杰	男	副教授	D01
T03	王彤	女	副教授	D02
T04	张亮	男	讲师	D02
T05	李梅	女	教授	D03
T06	刘明	男	教授	D03
T07	王宁	女	讲师	D04
T08	葛格	女	助教	D04

表 4-9 课程表(course)数据

course_id (课程编号)	course _name (课程名称)	course_type (课程类型)	course_hour (课程学时)	teach_id (责任教师)
C01	JAVA 程序设计	专业基础	64	T01
C02	计算机组成原理	专业核心	64	T02
C03	商务英语翻译	专业核心	64	T03
C04	大学英语	公共基础	48	T04
C05	证券投资概论	专业选修	32	T05
C06	建筑艺术鉴赏	任意选修	32	T06
C07	社交礼仪	任意选修	32	T07

表 4-10 选课表(sc)数据

stud_id(学生学号)	course_id(课程编号)	grade(课程成绩)
20220101	C01	86
20220101	C04	90
20220102	C02	76
20220102	C06	81
20220206	C03	63
20220210	C04	77
20220210	C06	92
20220304	C05	55
20220305	C05	68
20220401	C04	85
20220401	C06	90
20220402	C04	66

2. 修改数据

(1) 使用对象资源管理器完成以下数据修改：

① 在学生表(student)中，将学生学号为 20220101 的学生年龄改为 20 岁。

② 在教师表(teacher)中，将教师工号为 T07 的教师性别改为"男"。

(2) 使用 Transact-SQL 语句完成以下数据修改：

① 在教师表(teacher)中，将"葛格"老师的职称改为"讲师"，所属院系改为 D03。

② 在学生表(student)中，将计算机学院所有男生的年龄增加 1 岁。

③ 在选课表(sc)中，将所有选课成绩增加 5 分。

3. 删除数据

(1) 使用对象资源管理器完成以下数据删除：

在教师表(teacher)中，删除"葛格"老师的信息。

(2) 使用 Transact-SQL 语句完成以下数据删除:

在选课表(sc)中,删除学号为 20220402 的学生的选课信息。

六、实验方法及步骤

1. 实验方法

上机实验时应该一人一组,独立上机。对出现的问题要善于自己发现原因所在,独立处理。

2. 实验步骤

(1) 调出 SQL Server 2019 软件的工作界面,进入 SQL Server Management Studio。

(2) 在查询窗格中,输入已编写好的 Transact-SQL 语句。

(3) 检查输入的 Transact-SQL 语句正确与否。

(4) 执行 Transact-SQL 语句,并分析运行结果是否合理和正确。

(5) 输出程序清单和运行结果。

七、实验报告要求

(1) 实验完成后,要求撰写实验报告,实验报告格式必须符合"课程实验规范"。

(2) 实验报告中必须附实现的 Transact-SQL 语句,并以截图的形式表现出插入、修改和删除数据是否成功,且满足实验内容的要求。

八、思考题

(1) 在"实验 2"中,如果没有定义数据完整性约束,则在插入、修改和和删除数据过程中会对数据库造成什么影响?

(2) 数据库中一般不允许更改主码数据,但如果确定需要更改主码数据时,怎样处理?

(3) 如果先在学生表(student)中删除学生"刘勇"的记录,然后再删除选课表(sc)中的相应记录,会出现什么异常情况?为什么?

实验 5　简单数据查询

一、实验名称和类型

实验名称	单表查询和多表连接查询		
实验学时	2		
实验类型	☑验证	□综合	☑设计
实验要求	☑必做	□选做	

二、实验目的

(1) 掌握 SELECT 查询语句的一般格式。

(2) 掌握单表数据的基本检索方法。

(3) 掌握 Group By 和 Order By 子句的使用方法。

(4) 掌握聚集函数的使用方法。

(5) 掌握多表连接查询方法。

(6) 加深对 SQL 和 Transact-SQL 语言的查询语句的理解。

三、实验软硬件环境要求

装有 SQL Server 2019 的 PC 机。

四、知识准备

(1) 数据查询是根据用户的需要从数据库中提取所需要的数据，是数据库操作的重点和核心部分。SQL 提供了 SELECT 语句进行数据查询，该语句具有灵活的使用方式和丰富的功能，既可以完成简单的单表查询，也可以完成复杂的连接查询和嵌套查询。

(2) SELECT 查询语句的一般格式为：

SELECT [ALL|DISTINCT] <目标列表达式>[别名][,<目标列表达式>[别名]]…

FROM<表名或视图名>[别名][,<表名或视图名>[别名]]…|(<SELECT语句>)[AS][<别名>]

[WHERE<条件表达式>]

[GROUP BY <列名1>[HAVING <条件表达式>]]

[ORDER BY<列名 2> [ASC|DESC]];

(3) SELET 子句的<目标列表达式>的可选格式为：

;<表名>.;COUNT(*);聚集函数([DISTINCT|ALL]<列名>);[<表名>.]<属性名表达式>

其中，<属性名表达式>可以是由属性列、作用于属性列的聚集函数和常量的任意算术运算(＋，－，*，/)组成的运算公式。

(4) 聚集函数的一般格式为：

COUNT/ SUM /AVG/ MAX/ MIN ([DISTINCT|ALL] <列名>)

如果指定 DISTINCT 短语，表示在计算时要取消指定列中的重复值，否则表示不取消重复值。

(5) WHERE 子句的<条件表达式>的可选格式：

① <属性列名> θ <属性列名> / <常量> / [ANY|ALL] (SELECT 语句)

② <属性列名> [NOT] BETWEEN <属性列名> / <常量> / (SELECT 语句) AND　<属性列名> / <常量> / (SELECT 语句)

③ <属性列名> [NOT] IN (<值 1>[,<值 2>] …) / (SELECT 语句)

④ <属性列名> [NOT] LIKE <匹配串>

⑤ <属性列名> IS [NOT] NULL

⑥ [NOT] EXISTS (SELECT 语句)

⑦ <条件表达式> AND / OR <条件表达式>

(6) 多表的连接查询(相当于做笛卡儿乘积)：

SELECT <目标列表达式列表> FROM 表名,表名;

(7) 多表的等值连接查询：

SELECT [ALL|DISTINCT] <表名.列名>…

FROM 表 1,表 2

WHERE 表 1.列名=表 2.列名;

(8) 表自身的连接查询：

SELECT 别名.列名，…

FROM 表 1 AS 别名 1,表 1 AS 别名 2

WHERE 别名 1.列名=别名 2.列名;

五、实验内容

在"EDUC_学生学号"数据库中，用 Transact-SQL 语句完成以下简单查询操作。

1. 单表查询

(1) 查询各院系的详细信息。(查询全部属性列)

(2) 查询全体学生的姓名、性别和年龄。(查询指定属性列)

(3) 查询全体学生的姓名、性别和出生年份，并为查询结果的列标题设置合适的别名。(查询经过计算的值，并为查询结果的列标题设置别名)

(4) 查询全体学生的姓名，如有重名则只显示一次。(查询结果去重)

(5) 查询课程表中前 3 门课程信息。(限制查询返回的行数)

(6) 查询职称为"教授"的教师姓名和性别。(比较大小的条件查询)

(7) 查询成绩在[90,100]的学生学号和课程编号。(确定范围的条件查询)

(8) 查询课程学时是 64 或 32 的课程详细信息。(确定集合的条件查询)

(9) 查询所有姓"王"的教师的姓名、性别和职称。(字符匹配的条件查询)

(10) 查询所有有选课成绩的学生学号和课程编号。(空值查询)

(11) 查询年龄大于等于 19 岁的男生信息。(多重条件查询)

(12) 查询课程类型为"专业核心"或者课程学时为 32 的课程信息。(多重条件查询)

(13) 查询学生信息,要求查询结果按照学生性别升序排列,相同性别按照学生年龄降序排序。

(14) 查询男生总人数。(聚集函数查询)

(15) 查询选修了课程的学生人数。(聚集函数查询)

(16) 查询男生的最大年龄、最小年龄和平均年龄。(聚集函数查询)

(17) 查询有学生选修的课程号及选课人数。(分组查询)

(18) 查询选修了 2 门及以上课程的学生学号。(分组查询)

2. 连接查询

(1) 查询每个教师的姓名、性别、职称和负责的课程信息。(两个关系的内连接查询)

(2) 查询课程成绩在 85 分以上的学生的学号、姓名、选修的课程号、课程名和成绩。

(3) 查询年龄比"王敏"年龄小的学生的学号、姓名、性别和年龄。(自身连接查询)

(4) 查询教师-课程信息,查询结果中包括教师姓名、教师职称、课程名称和课程类型,要求结果中能够反映目前不是责任教师的教师信息。(左外连接查询)

(5) 查询教师-课程信息，查询结果中包括教师姓名、教师职称、课程名称和课程类型，要求结果中能够反映目前没有确定责任教师的课程信息。(右外连接查询)

(6) 查询教师-课程信息，查询结果中包括教师姓名、教师职称、课程名称和课程类型，要求结果中既能够反映目前不是责任教师的教师信息，又能反映目前没有确定责任教师的课程信息。(全外连接查询)

六、实验方法及步骤

1. 实验方法
上机实验时应该一人一组，独立上机。对出现的问题要善于自己发现原因所在，独立处理。

2. 实验步骤
(1) 调出 SQL Server 2019 软件的工作界面，进入 SQL Server Management Studio。

(2) 在查询窗格中，输入已编写好的 Transact-SQL 语句。

(3) 检查输入的 Transact-SQL 语句正确与否。

(4) 执行 Transact-SQL 语句，并分析运行结果是否合理和正确。

(5) 输出程序清单和运行结果。

七、实验报告要求

(1) 实验完成后，要求撰写实验报告，实验报告格式必须符合"课程实验规范"。

(2) 实验报告中必须附实现的 Transact-SQL 语句，并以截图的形式表现出数据查询是否成功，且满足实验内容的要求。

八、思考题

(1) 在分组统计查询中的 WHERE 和 HAVING 有什么区别？试举例说明。

(2) 不在 GROUP BY 子句中出现的属性，是否可以出现在 SELECT 子句中？举例说明。

(3) 在 GROUP BY 子句中出现的属性，是否可以不出现在 SELECT 子句中？举例说明。

(4) 分析左外连接、右外连接和自然连接的区别和应用，并举例说明。

实验 6　复杂数据查询

一、实验名称和类型

实验名称	嵌套查询、集合查询和基于派生表的查询		
实验学时	2		
实验类型	☑验证	□综合	☑设计
实验要求	☑必做	□选做	

二、实验目的

(1) 掌握比较运算符子查询的嵌套查询。

(2) 掌握 IN 子查询的嵌套查询。

(3) 掌握 EXISTS 子查询的嵌套查询。

(4) 了解集合查询。

(5) 掌握基于派生表的查询。

(6) 掌握利用查询实现数据更新的方法。

三、实验软硬件环境要求

装有 SQL Server 2019 的 PC 机。

四、知识准备

(1) 在 SQL 语言中，一个 SELECT-FROM-WHERE 语句称为一个查询块。将一个查询块嵌套在另一个查询块的 WHERE 子句或 HAVING 短语的条件中的查询称为嵌套查询。

(2) 比较运算符的子查询。比较运算符的子查询是指父查询与子查询之间通过比较运算符进行连接的嵌套查询。当子查询的结果是单个值时，可以用比较运算符(>、>=、<、<=、=、!=)连接父查询与子查询；当子查询的结果是多个值时，则必须同时使用比较运算符和 ANY/ALL 谓词连接父查询与子查询。

(3) IN 嵌套子查询。

    SELECT <目标列表达式列表>

    FROM 表名

    WHERE 列名 IN

      (SELECT子句);

(4) EXISTS 嵌套子查询。带有 EXISTS 谓词的子查询不返回任何数据，只产生逻辑真值 true 或逻辑假值 false。若内层查询结果非空，则返回真值；若内层查询结果为空，则返回假值。

由 EXISTS 引出的子查询，其目标列表达式通常都用"*"，因为带 EXISTS 的子查询只返回真值或假值，给出列名无实际意义。所以，EXISTS 子查询中一般是相关子查询，即子查询脱离父查询后不能单独执行。

(5) 集合查询。SELECT 语句的查询结果是元组的集合，所以多个 SELECT 语句的结果可以进行集合操作。集合操作主要包括并(UNION)、交(INTERSECT)和差(EXCEPT)。需要注意的是，参加集合操作的各查询结果的列数必须相同，对应项的数据类型也必须相同。

(6) 基于派生表的查询。子查询不仅可以出现在 WHERE 子句中，还可以出现在 FROM 子句中，此时子查询生成的临时派生表成为主查询的查询对象。派生表必须命名，其属性也可以重命名。

(7) 利用查询实现数据更新。在 SQL 语句中，子查询不仅可以嵌套在 SELECT 语句中用以构造父查询的条件，也可以嵌套在 INSERT、UPDATE 和 DELETE 语句中，用以实现数据的批量更新。

五、实验内容

在"EDUC_学生学号"数据库中，用 Transact-SQL 语句完成以下复杂查询操作。

1. 嵌套查询

(1) 查询"李杰"老师负责的课程信息。(比较运算符不相关子查询)

(2) 查询与"张亮"同一个系的教师，但不包括"张亮"。(比较运算符不相关子查询)

(3) 找出每个学生未超过他自己选修课程平均成绩的课程号。(比较运算符相关子查询)

(4) 查询其他院系中比计算机学院某一学生年龄小的学生信息。(ANY 或 ALL 谓词子查询)

(5) 查询其他院系中比计算机学院所有学生年龄小的学生信息。(ANY 或 ALL 谓词子查询)

(6) 查询与"李勇"在同一个院系学习的学生信息。(IN 谓词子查询)

(7) 查询至少负责一门课程的教师的教工号、姓名、性别和职称。(IN 谓词子查询)

(8) 查询选修了课程名为"计算机组成原理"的学生的学号、姓名和年龄。(IN 谓词子查询)

(9) 查询所有选修 C02 号课程的学生学号、姓名和性别。(EXISTS 谓词子查询)

(10) 查询没有选修 C02 号课程的学生学号、姓名和性别。(EXISTS 谓词子查询)

2. 集合查询

(1) 查询计算机学院的学生及年龄不大于 18 岁的学生信息。(并集合查询)

(2) 查询学号为 20220101 和 20220210 的学生同时选修课程的课程号。(交集合查询)

(3) 查询学号为 20220101 的学生选修，但没有学号为 20220210 的学生所选修课程的课程号。(差集合查询)

3. 基于派生表的查询

找出每个学生未超过他自己选修课程平均成绩的课程号。

4. 用子查询实现数据的批量更新

(1) 将学生表(student)中计算机学院(D01)学生的学号、姓名和年龄插入到新表 StudentBAK1 中(需先创建 StudentBAK1 表)。

(2) 将选修大学英语课程的学生成绩加 2 分。

(3) 删除建设学院所有学生的选课记录。

六、实验方法及步骤

1. 实验方法

上机实验时应该一人一组，独立上机。对出现的问题要善于自己发现原因所在，独立处理。

2. 实验步骤

(1) 调出 SQL Server 2019 软件的工作界面，进入 SQL Server Management Studio。

(2) 在查询窗格中，输入已编写好的 Transact-SQL 语句。

(3) 检查输入的 Transact-SQL 语句正确与否。

(4) 执行 Transact-SQL 语句，并分析运行结果是否合理和正确。

(5) 输出程序清单和运行结果。

七、实验报告要求

(1) 实验完成后，要求撰写实验报告，实验报告格式必须符合"课程实验规范"。

(2) 实验报告中必须附实现的 Transact-SQL 语句，并以截图的形式表现出数据查询是否成功，且满足实验内容的要求。

八、思考题

(1) 分析不相关子查询及相关子查询的求解过程，并举例说明。

(2) 多表连接查询是否都可以转换成嵌套查询？什么情况下连接查询不能用嵌套查询表示？

(3) 多表连接查询和 IN 嵌套子查询从查询效率上来说，哪种查询效果更好？为什么？

实验7 视图

一、实验名称和类型

实验名称	视图的定义、查询和更新
实验学时	1
实验类型	☑验证　　□综合　　☑设计
实验要求	☑必做　　□选做

二、实验目的

(1) 理解视图的概念，理解视图与基本表的异同。

(2) 掌握在 SQL Server 中建立、修改和删除视图的方法。

(3) 掌握利用视图简化查询语句的方法。

(4) 熟悉利用视图更新数据的方法。

三、实验软硬件环境要求

装有 SQL Server 2019 的 PC 机。

四、知识准备

(1) 视图是从一个或几个基本表(或视图)导出的虚表，其结构和数据是建立在对基本表的查询基础上，是查看数据表中数据的一种方法。视图是一种逻辑对象，数据库中只存放视图的定义，不存放视图对应的数据，这些数据仍然存放在原来的基本表中。

视图虽是虚拟表，但一经定义，就可以和基本表一样被删除、被查询，也可以在一个视图上再定义新的视图，但对视图的更新操作会有一定的限制。

(2) SQL 语言使用 CREATE VIEW 命令来建立视图，其一般格式为：

CREATE VIEW <视图名> [(<列名> [,<列名>]…)]

　　　　AS <子查询>

　　　　[WITH CHECK OPTION];

　　(3) 视图定义后，用户就可以像对基本表一样对视图进行查询。查询视图时，系统先对视图进行有效性检查，检查通过后采用视图消解法来完成视图查询。

　　(4) 删除视图本质上是将视图的定义从数据字典中删除，语句格式为：

　　　　DROP VIEW <视图名> [CASCADE];

　　(5) 更新视图本质上是通过视图来完成对基本表中数据的插入、修改和删除，也是通过视图消解法，转换为对基本表的插入、修改和删除。在关系数据库中，不是所有视图都可更新，一般地，行列子集视图是可更新的。

五、实验内容

　　在"EDUC_学生学号"数据库中，用 Transact-SQL 语句完成以下视图操作。

1. 定义视图

　　(1) 建立计算机学院学生视图 ST1。(单表视图)

　　(2) 建立计算机学院选修 C02 课程的学生视图 ST2，包括学号、姓名、成绩。(多表视图)

　　(3) 建立计算机学院选修 C02 课程且成绩不及格的学生视图 ST3。(基于视图的视图)

　　(4) 定义一个反映学生出生年份的视图 ST4。(表达式视图)

　　(5) 将学生的学号及其总成绩定义为视图 ST5。(分组视图)

2. 更新视图

　　(1) 向计算机学院学生视图 ST1 中插入一个新的学生记录，其中学号为 20220104，姓名为"赵明明"，年龄 20 岁。

　　(2) 将计算机学院学生视图 ST1 中学号为 20220104 的学生姓名改为"赵小明"。

　　(3) 删除计算机学院学生视图 ST1 中学号为 20220104 的学生记录。

3. 查询视图

　　(1) 在计算机学院学生视图 ST1 中找出所有女生的信息。

　　(2) 查询计算机学院选修 C01 课程的学生。

六、实验方法及步骤

1. 实验方法

　　上机实验时应该一人一组，独立上机。对出现的问题要善于自己发现原因所在，独立处理。

2. 实验步骤

　　(1) 调出 SQL Server 2019 软件的工作界面，进入 SQL Server Management Studio。

　　(2) 在查询窗格中，输入已编写好的 Transact-SQL 语句。

　　(3) 检查输入的 Transact-SQL 语句正确与否。

　　(4) 执行 Transact-SQL 语句，并分析运行结果是否合理和正确。

　　(5) 输出程序清单和运行结果。

七、实验报告要求

(1) 实验完成后，要求撰写实验报告，实验报告格式必须符合"课程实验规范"。

(2) 实验报告中必须附实现的 Transact-SQL 语句，并以截图的形式表现出视图的操作是否成功，且满足实验内容的要求。

八、思考题

(1) 为什么要建立视图？视图和基本表有什么不同？

(2) 视图在哪些情况下需要对字段名进行重命名？试举例说明。

(3) 是否可以对任意的视图进行修改？什么样的视图上不能进行修改操作？

(4) 在什么情况下，使用视图能提高数据库的性能，加快数据查询效率，请举例说明。

实验8　数据库安全性

一、实验名称和类型

实验名称	数据库安全		
实验学时	1		
实验类型	☑验证	□综合	□设计
实验要求	☑必做	□选做	

二、实验目的

(1) 学习理解和体会数据库安全性的内容。

(2) 加强对数据库管理系统的安全管理功能的认识。

(3) 掌握 SQL Server 中用户、角色和权限的管理方法。

三、实验软硬件环境要求

装有 SQL Server 2019 的 PC 机。

四、知识准备

1. 数据库的安全性控制机制

(1) 用户身份标识与鉴别：数据库管理系统提供最外层安全保护措施，系统提供一定的方式让用户标识自己的名字或身份。每次用户要求进入系统时，由系统进行核对，通过鉴别后才提供使用 DBMS 的全权限。

(2) 存取控制：用户权限定义和合法权限检查机制一起组成了 DBMS 的存取控制子系统，确保只有授权用户才能访问数据库，未被授权用户无权访问数据库。存取控制包括自主存取控制和强制存取控制两种类型。

(3) 视图隔离：为不同用户定义不同视图，把数据对象限定在一定范围内，把要保密的数据对无权存取这些数据的用户隐藏起来，从而自动对数据提供一定程度的安全保护。

(4) 审计：启用一个专用的审计日志，系统自动将用户对数据库的所有操作自动记录下来，并存储到审计日志中。审计员可以利用审计日志监控数据库中的各种行为，重现导致数据库现状的一系列事件，找出非法存取数据的人、时间和内容等。

(5) 数据加密：防止数据库中数据在存储和传输中失密的有效手段，基本思想就是根据一定的算法将原始数据(明文)变换为不可直接识别的格式(密文)，从而使得不知道解密算法的人无法获知数据的内容。

2. SQL Server 的安全机制

(1) 身份验证。

Windows 身份验证：使用 Windows 操作系统的安全机制来验证用户身份，只要用户能够通过 Windows 用户账号验证，即可连接到 SQL Server 服务器而不再进行身份验证。

混合身份验证：Windows 身份验证和 SQL Server 身份验证两种模式都可用。对于可信任的连接用户(由 Windows 验证)，系统直接采用 Windows 身份验证；否则，采用 SQL Server 身份验证。

(2) 账号管理。

服务器登录账号：属于服务器级的安全策略，服务器登录账号主要用于连接数据库服务器。创建服务器登录账号的方法，一是从 Windows 用户或组中创建，二是创建新的 SQL Server 登录账号。

数据库用户账号：属于数据库级别的安全策略，用户登录数据库服务器后，如果想要操作服务器中的数据库，必须要有一个数据库用户账号，然后为这个数据库用户设置某种角色，才能进行相应的操作。

(3) 角色管理。

角色是 SQL Server 用来集中管理服务器或数据库的权限，用于给用户分配权限。若用户被授予某一角色，则该用户就拥有角色的所有权限。SQL Server 提供两种类型的角色，服务器角色(固定服务器角色)和数据库角色(固定数据库角色)，都是 SQL Server 内置的，不能进行添加、修改和删除。

(4) 权限管理。

权限是数据库对象级别的认证，用于控制对数据库对象的访问以及指定用户对数据库可以执行的操作。在 SQL Server 中，不同的数据库对象拥有不同的权限，权限通常包括三种类型：对象权限、语言权限和隐含权限。权限操作包括授予权限、撤销权限和禁止权限。

五、实验内容

在"EDUC_学生学号"数据库中，以系统管理员身份完成以下安全性管理操作。

(1) 创建使用 Windows 身份验证的登录账号 WinUser；若事先不存在 Windows 用户 WinUser，则在 Winosws 中创建该用户。创建使用 SQL Server 身份验证的登录账号 SQLUser。

(2) 分别为登录账号 WinUser、SQLUser 创建访问数据库的用户账号 gdlg、kjxy。

(3) 为登录账号 WinUser 添加固定服务器角色 securityadmin。

(4) 为数据库用户 kjxy 添加固定数据库角色 db_ securityadmin，并查看数据库账户的架构信息。

    (5) 授予数据库用户 gdlg 对学生表(student)的 INSERT、UPDATE 对象权限。

    (6) 授予数据库用户 kjxy 对数据库创建视图的语句权限。

六、实验方法及步骤

1. 实验方法

上机实验时应该一人一组,独立上机。对出现的问题要善于自己发现原因所在,独立处理。

2. 实验步骤

(1) 调出 SQL Server 2019 软件的工作界面,进入 SQL Server Management Studio。

(2) 在查询窗格中,输入已编写好的 Transact-SQL 语句。

(3) 检查输入的 Transact-SQL 语句正确与否。

(4) 执行 Transact-SQL 语句,并分析运行结果是否合理和正确。

(5) 输出程序清单和运行结果。

七、实验报告要求

(1) 实验完成后,要求撰写实验报告,实验报告格式必须符合"课程实验规范"。

(2) 实验报告中必须附实现的 Transact-SQL 语句,并以截图的形式表现出操作是否成功,且满足实验内容的要求。

八、思考题

(1) SQL Server 有哪些数据安全性功能?保证数据安全性,你觉得还需要注意哪些方面的问题?

(2) 如何理解角色管理和用户管理的区别?

(3) 分析使用角色进行权限分配有何优缺点。

实验9 数据库备份和恢复

一、实验名称和类型

实验名称	数据库备份和恢复		
实验学时	2		
实验类型	☑验证	□综合	□设计
实验要求	□必做	☑选做	

二、实验目的

(1) 了解数据库恢复的基本原理。

(2) 掌握 SQL Server 中数据备份和恢复机制。

(3) 掌握 SQL Server 数据库备份和恢复的方法。

三、实验软硬件环境要求

装有 SQL Server 2019 的 PC 机。

四、知识准备

1. SQL Server 的三种备份形式

(1) 完全备份。备份数据的所有数据文件和备份过程中发生活动的日志文件。完全数据库备份、恢复的 SQL 语句格式为:

  BUCKUP DATABASE 数据库名 TO DISK='地址' WITH INIT

  RESTORE DATABASE 数据库名 FROM DISK='地址' WITH REPLACE

(2) 差异备份。只备份最近一次完全数据库备份以来被修改的那些数据。当发生故障需要恢复时,首先执行完全备份恢复,然后执行差异备份。差异数据库备份、恢复的 SQL 语句格式为:

  BACKUP DATABASE 数据库名 TO DISK='地址'

  DIFFERENTIAL

  RESTORE DATABASE 数据库名 FROM DISK='地址' WITH NONRECOVERY

  RESTORE DATABASE 数据库名 FROM DISK='地址' WITH REPLACE

(3) 事务日志备份。备份自上次事务日志备份以来到当前事务日志末尾的部分,无须备份数据库本身。当系统出现故障时,首先恢复完全数据库备份,然后恢复日志备份。事务日志备份的 SQL 语句格式为:

  BACKUP LOG 数据库名 TO DISK='地址\数据库名_log1'

2. 数据库进行备份和恢复操作的方式

(1) 静态的备份和恢复方式。该方式在进行数据备份或恢复操作时,SQL 服务器不接受任何应用程序的访问请求,只执行备份或恢复操作。

(2) 动态的备份和恢复方式。该方式在进行数据备份或恢复操作时,SQL 服务器同时接受应用程序的访问请求。

五、实验内容

在"EDUC_学生学号"数据库中,以系统管理员身份完成以下数据备份和恢复操作。

(1) 使用 SQL Server Management Studio 对数据库执行完全备份。

(2) 删除选课表(sc)中一条记录,然后利用备份文件,使用 SQL Server Management Studio 恢复数据库。

(3) 使用 Transact-SQL 方式完成题 1 和题 2。

(4) 在学生表(student)中,将"刘依依"的年龄修改为 19 岁,然后用 Transact-SQL 语句执行差异备份和恢复。

(5) 在教师表(teacher)中,进行两个修改操作,然后用 SQL Server Management Studio 执行事务日志备份和恢复。

六、实验方法及步骤

1. 实验方法

上机实验时应该一人一组,独立上机。对出现的问题要善于自己发现原因所在,独立处理。

2. 实验步骤

(1) 调出 SQL Server 2019 软件的工作界面,进入 SQL Server Management Studio。

(2) 在查询窗格中,输入已编写好的 Transact-SQL 语句。

(3) 检查输入的 Transact-SQL 语句正确与否。

(4) 执行 Transact-SQL 语句,并分析运行结果是否合理和正确。

(5) 输出程序清单和运行结果。

七、实验报告要求

(1) 实验完成后,要求撰写实验报告,实验报告格式必须符合"课程实验规范"。

(2) 实验报告中必须附实现的 Transact-SQL 语句,并以截图的形式表现出操作是否成功,且满足实验内容的要求。

八、思考题

(1) 数据库进行数据备份,有哪几种方法?各有什么优、缺点?

(2) SQL Server 中数据备份和数据恢复功能怎样?有哪些不足之处。

实验 10 Transact-SQL 程序设计

一、实验名称和类型

实验名称	Transact-SQL 程序设计		
实验学时	2		
实验类型	☑验证	□综合	☑设计
实验要求	□必做	☑选做	

二、实验目的

(1) 了解 Transact-SQL 的基本数据类型。

(2) 掌握 Transact-SQL 局部变量的定义和赋值。

(3) 掌握 Transact-SQL 流程控制语句及应用。

三、实验软硬件环境要求

装有 SQL Server 2019 的 PC 机。

四、知识准备

1. 局部变量

局部变量是用户定义的变量，用来存放临时数据，以@开头，用 DECLARE 语句声明，用 set 语句或 select 语句为其赋值。

(1) 声明局部变量的语法格式：DECLARE @局部变量名　数据类型[，…]。在声明时，局部变量被初始化为 NULL。

(2) 用 set 语句给局部变量赋值的语法格式：SET @局部变量名 =表达式

用 select 语句给局部变量赋值的语法格式：SELECT @局部变量名 =表达式[，…]

(3) 局部变量的作用域从声明它们的地方开始，到声明它们的批处理或存储过程结尾。

2. 程序流程控制

(1) USE 语句。

语法格式：USE {database}

功能：切换到要操作的数据库。

(2) PRINT 语句。

语法格式：PRINT msg_str | variable | string_expr

功能：打印字符串常量、变量或返回字符串的表达式。

(3) BEGIN…END。

语法格式：

　　BEGIN

　　　　<sql 语句或程序块>

　　END

功能：在条件和循环等流程控制语句中，要执行两个或两个以上的 Transact-SQL 语句，就需要使用 BEGIN…END 将它们组织成一个语句块，作为一个整体来处理。

(4) IF…ELSE 语句。

语法格式：

　　IF　布尔表达式

　　　语句列表 1

　　[ELSE

　　　语句列表 2]

(5) 简单 CASE 语句。

语法格式：

　　CASE　测试表达式

　　　WHEN　测试值 1 THEN　结果表达式 1

　　　[WHEN　测试值 2 THEN　结果表达式 2

　　　[…]]

　　　[ELSE　结果表达式 n]

　　END

执行过程：用测试表达式的值依次与每一个 WHEN 子句的测试值比较，找到第一个与测试表达式的值完全相同的测试值时，便将该 WHEN 子句指定的结果表达式返回。如果没有任何一个 WHEN 子句的测试值和测试表达式相同，若存在 ELSE 子句，则将 ELSE 子句之后的结果表达式返回；否则，返回一个 NULL 值。

(6) 搜索 CASE 语句。

语法格式：

```
CASE
    WHEN 布尔表达式 1 THEN 结果表达式 1
    [WHEN 布尔表达式 2 THEN 结果表达式 2
    […]]
    [ELSE 结果表达式 n]
END
```

执行过程：测试 WHEN 子句的布尔表达式，如果结果为 TRUE，则返回第一个布尔表达式为 TRUE 的相应的结果表达式。如果没有任何一个 WHEN 子句的布尔表达式为 TRUE，若存在 ELSE 子句，则将 ELSE 子句之后的结果表达式返回；否则，返回一个 NULL 值。

(7) WHILE 语句。

语法格式：

```
WHILE 布尔表达式
    BEGIN
        语句序列 1
        [BREAK]
        语句序列 2
        [CONTINUE]
        语句序列 3
    END
```

功能：设置重复执行 SQL 语句或语句块的条件，只要指定的条件为 True (条件成立)，就重复执行语句。其中，BREAK 命令让程序完全跳出循环语句，结束 WHILE 命令的执行；CONTINUE 命令让程序跳过 CONTINUE 命令之后的语句回到 WHILE 循环的第一条命令继续循环，WHILE 语句可以使用嵌套。

五、实验内容

在 "EDUC_学生学号" 数据库中，完成以下 Transact-SQL 编程操作。

(1) 查询教师工号为 T02 的教师姓名和职称，并用局部变量将查询结果输出。

(2) 给 x 赋值 5，按公式 $y = \begin{cases} x & (x < 1), \\ 2x - 1 & (1 \leqslant x < 10), \\ 3x + 2 & (x \geqslant 10) \end{cases}$，计算 y 的值并输出。

(3) 使用 CASE 搜索语句，输出选课表(sc)中 "李勇(学号 20220101)" 的 "大学英语(课程号 C04)" 成绩及对应的等级([90,100]为优秀；[80,89)为良好；[70,79)为中等；[60,69)为及格；[0,59)

为不及格)。

(4) 编程输出 a 到 z 之间的 26 个小写字母。

(5) 编程计算 N!，并测试 5!。

六、实验方法及步骤

1. 实验方法

上机实验时应该一人一组，独立上机。对出现的问题要善于自己发现原因所在，独立处理。

2. 实验步骤

(1) 调出 SQL Server 2019 软件的工作界面，进入 SQL Server Management Studio。

(2) 在查询窗格中，输入已编写好的 Transact-SQL 语句。

(3) 检查输入的 Transact-SQL 语句正确与否。

(4) 执行 Transact-SQL 语句，并分析运行结果是否合理和正确。

(5) 输出程序清单和运行结果。

七、实验报告要求

(1) 实验完成后，要求撰写实验报告，实验报告格式必须符合"课程实验规范"。

(2) 实验报告中必须附实现的 Transact-SQL 语句，并以截图的形式表现出操作是否成功，且满足实验内容的要求。

八、思考题

(1) 试比较 Transact-SQL 语言和程序设计语言中，变量和流程控制的异同？

(2) 用 Transact-SQL 编程输出九九乘法表。

实验 11 函数

一、实验名称和类型

实验名称	函数		
实验学时	1		
实验类型	☑验证	□综合	☑设计
实验要求	□必做	☑选做	

二、实验目的

(1) 掌握常用内置函数的使用方法。

(2) 掌握用户自定义函数的语法。

(3) 根据实际需要，能够自定义满足需求的函数。

三、实验软硬件环境要求

装有 SQL Server 2019 的 PC 机。

四、知识准备

1. 内置函数

SQL Server 提供了可用于执行特定操作的内置函数,其类别名称及主要功能如表 4-11 所示。

表 4-11 内置函数类型及主要功能

函数类型	主要功能
聚合函数	将多个值合并为一个值
配置函数	返回当前有关配置设置的信息
加密函数	用于支持加密、解密、数字签名和数字签名验证
游标函数	返回有关游标状态的信息
日期和时间函数	执行与日期和时间相关的操作
数学函数	执行三角、几何和其他数学运算
元数据函数	返回数据库和数据库对象的属性信息
排名函数	返回分区中每一行的排名值
行集函数	返回一个结果集,该结果集可以在 Transact-SQL 语句中当做表引用
安全函数	返回有关用户和角色的信息
字符串函数	支持对字符数据所进行的操作
系统函数	对系统级的各种选项和对象进行操作或报告
系统统计函数	返回有关 SQL Server 统性能的信息
文术和图像函数	支持对 tt age 型数据的操作

这些内置函数可用于或包括在:

(1) 使用 SELECT 语句的选择列表中,以返回一个值。

(2) SELECT 或数据更新(INSERT、DELETE 或 UPDATE)语句的 WHERE 子句搜索条件中,以限制符合查询条件的行。

(3) 视图的搜索条件(WHERE 子句)中,以使视图在运行时与用户或环境动态地保持一致。

(4) 任意表达式中。

(5) CHECK 约束或触发器中,以在插入数据时查找指定的值。

(6) DEFAULT 约束或触发器中,以在 INSERT 语句中未指定值的情况下提供一个值。

Microsoft SQL Server 2019 内置函数共分为 14 类。

2. 用户自定义函数

自定义函数的语法格式:

CREATE FUNCTION 函数名

　　[@局部变量名　数据类型[=default][,…]]
　　RETURNS 返回值类型
　　AS
　　　　函数体

五、实验内容

　　在"EDUC_学生学号"数据库中，完成以下函数操作。

　　(1) 创建一个标量函数 max，用于返回两个值中较大的值，并用数值 5.5 和 3.9 来验证函数。

　　(2) 创建一个标量函数 fun，当给定一门课程名称时，计算选修该门课程的学生人数，并用"大学英语"来验证函数。

　　(3) 创建表值函数，用于返回某个院系所有教师的教工号、姓名、职称和负责的课程，并用"经管学院"来验证函数。

六、实验方法及步骤

　　1. 实验方法

　　上机实验时应该一人一组，独立上机。对出现的问题要善于自己发现原因所在，独立处理。

　　2. 实验步骤

　　(1) 调出 SQL Server 2019 软件的工作界面，进入 SQL Server Management Studio。

　　(2) 在查询窗格中，输入已编写好的 Transact-SQL 语句。

　　(3) 检查输入的 Transact-SQL 语句正确与否。

　　(4) 执行 Transact-SQL 语句，并分析运行结果是否合理和正确。

　　(5) 输出程序清单和运行结果。

七、实验报告要求

　　(1) 实验完成后，要求撰写实验报告，实验报告格式必须符合"课程实验规范"。

　　(2) 实验报告中必须附实现的 Transact-SQL 语句，并以截图的形式表现出操作是否成功，且满足实验内容的要求。

八、思考题

　　(1) 试比较 Transact-SQL 语言和程序设计语言中，自定义函数的异同。

　　(2) 什么是标量函数和表值函数，有何异同？

实验 12 游标

一、实验名称和类型

实验名称	游标		
实验学时	1		
实验类型	☑验证	□综合	☑设计
实验要求	□必做	☑选做	

二、实验目的

(1) 熟悉游标的基本概念。

(2) 掌握游标的定义和使用方法。

(3) 根据实际需要，能够创建满足需求的游标。

三、实验软硬件环境要求

装有 SQL Server 2019 的 PC 机。

四、知识准备

(1) 游标是处理数据的一种方法，类似于C语言中的指针。它允许应用程序对查询语句SELECT返回的结果集中的每一行进行相同或不同的操作，而不是一次对整个结果集进行同一操作。

(2) 游标总是与一条 SELECT 语句相关联，由结果集和结果集中指向特定记录的游标位置组成。游标的使用需要按其生命周期进行：定义游标→打开游标→存取游标→关闭游标→释放游标。

① 定义游标语法格式：

DECLARE 游标名 [INSENSITIVE] [SCROLL] CURSOR

FOR 查询块

② 打开游标语法格式：OPEN 游标名

③ 从打开的游标中提取数据行：

FETCH [NEXT|PRIOR|FIRST|LAST|RELATIVE<整数> |ABSOLUTE <整数>]

FROM <游标名>

INTO <局部变量>[[,<局部变量>]...]

其中，推动游标指针的方式有以下几种。

NEXT：向前推进一条记录，默认值为 NEXT。

PRIOR：向后回退一条记录。

FIRST：推向第一条记录。

LAST：推向最后一条记录。

RELATIVE<整数>：把游标从当前位置推进若干行。

　　ABSOLUTE<整数>：把游标移向查询结果的某一行。
　　④　关闭游标语法格式：CLOSE　游标名
　　⑤　释放游标语法格式：DEALLOCATE 游标名

五、实验内容

　　在"EDUC_学生学号"数据库中，完成以下游标操作。

　　(1) 建立一个嵌套游标应用，其功能是按学号升序列出全体学生信息(学号、姓名、院系名称)及其所选修课程的名称和成绩。

　　(2) 按要求逐一输出游标中的记录，并在界面上显示。

六、实验方法及步骤

1. 实验方法

上机实验时应该一人一组，独立上机。对出现的问题要善于自己发现原因所在，独立处理。

2. 实验步骤

　　(1) 调出 SQL Server 2019 软件的工作界面，进入 SQL Server Management Studio。

　　(2) 在查询窗格中，输入已编写好的 Transact-SQL 语句。

　　(3) 检查输入的 Transact-SQL 语句正确与否。

　　(4) 执行 Transact-SQL 语句，并分析运行结果是否合理和正确。

　　(5) 输出程序清单和运行结果。

七、实验报告要求

　　(1) 实验完成后，要求撰写实验报告，实验报告格式必须符合"课程实验规范"。

　　(2) 实验报告中必须附实现的 Transact-SQL 语句，并以截图的形式表现出操作是否成功，且满足实验内容的要求。

八、思考题

　　游标的作用是什么？

实验 13　存储过程

一、实验名称和类型

实验名称	存储过程		
实验学时	2		
实验类型	☑验证	□综合	☑设计
实验要求	☑必做	□选做	

二、实验目的

(1) 理解存储过程的概念和功能。

(2) 掌握存储过程定义和调用的方法。

(3) 根据实际需要，能够创建满足需求的存储过程。

三、实验软硬件环境要求

装有 SQL Server 2019 的 PC 机。

四、知识准备

(1) 存储过程是存储在 SQL Server 服务器中的一种预编译对象，是一组为了完成特定功能的 Transact-SQL 语句和可选流程控制语句集合。用户可以像使用函数一样重复调用存储过程。

(2) 在 SQL Server 中存储过程分为三类：系统存储过程、扩展存储过程和用户自定义存储过程。其中，系统存储过程由系统自动创建，定义在系统数据库 master 中，并以 sp_为前缀。扩展存储过程是用户使用外部程序语言(例如 JAVA、C)编写的存储过程，以动态链接库(DDL)的形式存在，并以 xp_为前缀。

(3) 可使用 CREATE PROCEDURE 命令来创建用户自定义存储过程，其语法格式如下：

CREATE PROC[EDURE] [owner.] procedure_name [; number]

[{ @parameter data_type } [VARYING] [= default] [OUTPUT] [,...n]

[WITH { RECOMPILE | ENCRYPTION | RECOMPILE ,ENCRYTION }]

[FOR REPLICATION]

AS sql_statement[...n]

(4) 查看存储过程的定义信息，可以使用 sp_helptext 系统存储过程，其语法格式为：

EXECUTE|ECEC sp_helptext procedure_name

(5) 执行存储过程的语法格式为：

EXECUTE [@return_status=] procedure_name [; number]

[[@parameter=] value|@variable [OUTPUT]|[DEFAULT]] [,…n]

[WITH RECOMPILE]

(6) 删除存储过程的语法格式为：

DROP procedure_name ( )

五、实验内容

在"EDUC_学生学号"数据库中，用 Transact-SQL 语句完成以下存储过程操作。

(1) 调用帮助系统，查找系统存储过程来显示 SQL Server 的版本号及当前系统时间。

提示：到帮助中根据关键字查询对应的存储过程来完成任务。

(2) 定义并调用存储过程 Pro1，其功能是从教师表(teacher)中查询男教授的信息。(不带参数的存储过程)

(3) 定义并调用存储过程 Pro2，其功能是在选课表(sc)中，根据学生学号(stud_id)查询学生

选修的课程名称和成绩。(带输入参数的存储过程)

(4) 定义并调用存储过程 Pro3，其功能是将课程表(course)中某门课程的学时修改为指定的值。

(5) 定义并调用存储过程 Pro4，其功能是在教师表(teacher)中，根据教师工号(teach_id)查询教师的姓名、性别和职称，查询的结果由参数@xm、@xb 和@zc 返回。(带输入和输出参数的存储过程)

六、实验方法及步骤

1. 实验方法

上机实验时应该一人一组，独立上机。对出现的问题要善于自己发现原因所在，独立处理。

2. 实验步骤

(1) 调出 SQL Server 2019 软件的工作界面，进入 SQL Server Management Studio。

(2) 在查询窗格中，输入已编写好的 Transact-SQL 语句。

(3) 检查输入的 Transact-SQL 语句正确与否。

(4) 执行 Transact-SQL 语句，并分析运行结果是否合理和正确。

(5) 输出程序清单和运行结果。

七、实验报告要求

(1) 实验完成后，要求撰写实验报告，实验报告格式必须符合"课程实验规范"。

(2) 实验报告中必须附实现的 Transact-SQL 语句，并以截图的形式表现出操作是否成功，且满足实验内容的要求。

八、思考题

(1) 比较存储过程中的参数传递与函数中的参数传递的异同。

(2) 存储过程中的SELECT 语句与普通的SELECT 语句格式有何不同？执行方法有何不同？

实验 14　触发器

一、实验名称和类型

实验名称	触发器		
实验学时	1		
实验类型	☑验证	□综合	☑设计
实验要求	☑必做	□选做	

二、实验目的

(1) 理解触发器的概念和基本原理。

(2) 掌握触发器的定义和触发的方法。

(3) 根据实际需要,能够创建满足需求的触发器。

三、实验软硬件环境要求

装有 SQL Server 2019 的 PC 机。

四、知识准备

(1) 触发器是一种特殊类型的存储过程,但不能用 EXECUTE 语句显示调用,只能通过事件进行触发而被执行。同时,触发器不能带参数,而存储过程可以带参数。

(2) 触发器的主要作用就是能够实现由主码和外码所不能保证的复杂的参照完整性和数据的一致性;除此之外,触发器还具有强化约束、跟踪变化和级联运行等功能。

(3) SQL Server 2019 提供了三种类型的触发器:DML 触发器、DDL 触发器和登录触发器。

① DML 触发器:是在执行数据操纵语言(DML)事件时被激活而自动执行的触发器,DML 事件包括在基本表或视图中进行的 INSERT、UPDATE 和 DELETE 操作。根据定义和应用范围条件、触发时机的不同,DML 触发器又可分为 AFTER 触发器和 INSTEAD OF 触发器。

② DDL 触发器:是在执行数据定义语言(DDL)事件时被激活而自动执行的触发器,DDL 事件主要与 CREATE、ALTER 和 DROP 开头的 Transact-SQL 语句对应。DDL 触发器一般用于执行数据库中的管理任务,如审核和规范数据库操作、防止数据库表结构被修改等。

③ 登录触发器:是由登录(LOGIN)事件激活的触发器,与 SQL Server 实例建立用户会话时将引发此类事件。登录触发器将在登录的身份验证阶段完成之后且用户会话实际建立之前触发。

(4) 触发器的工作原理。

① Inserted 表:用于存储 INSERT 和 UPDATE 语句所影响数据行的副本,即在 Inserted 表中临时保存被插入或被修改后的数据行。

② Deleted 表:用于存储 DELETE 和 UPDATE 语句所影响数据行的副本,即在 Deleted 表中临时保存被删除或被修改前的数据行。

(5) 创建 DML 触发器的 Transact-SQL 语句格式:

```
CREATE TRIGGER trigger_name
ON {table_name | view}
[WITH ENCRYPTION]
{FOR |AFTER| INSTEAD OF}
{[INSERT][,] [UPDATE][,] [DELETE]}
AS sql_statement [,...n]
```

(6) 创建 DDL 触发器的 Transact-SQL 语句格式:

```
CREATE TRIGGER trigger_name
ON {ALL SERVER | DATABASE}
```

　　[WITH ENCRYPTION]
　　{FOR | AFTER} {event_type | event_group} [,...n]
　　AS sql_statement [,...n]

五、实验内容

在"EDUC_学生学号"数据库中，用 Transact-SQL 语句完成以下触发器操作。

(1) 在教师表(teacher)中创建触发器 tri1，实现插入记录后，自动显示该记录，并写出测试语句进行验证。

(2) 在学生表(student)中创建触发器 tri2，实现修改学生学号后，选课表(sc)中该学生的学号也自动进行更改，并写出测试语句进行验证。

注意：实现级联修改、删除时，因为 student 表和 sc 表的主码、外码关系，应先将外码"INSERT 和 UPDATE 规范"中的"更新规则"和"删除规则"设置为"层叠"。

(3) 在学生表(student)中创建触发器 tri3，实现删除学生信息时，先删除选课表(sc)中对应的选课信息，并写出测试语句进行验证。

(4) 在选课表(sc)中创建触发器 tri4，当插入或修改记录时，确保此记录的成绩(grade)在 0～100 分之间，否则拒绝操作，并给出错误信息，同时写出测试语句进行验证。

(5) 在选课表(sc)中创建触发器 tri5，当插入或修改记录时，如果当前学生累计不及格门数达到 5，则给出警示信息。

六、实验方法及步骤

1. 实验方法

上机实验时应该一人一组，独立上机。对出现的问题要善于自己发现原因所在，独立处理。

2. 实验步骤

(1) 调出 SQL Server 2019 软件的工作界面，进入 SQL Server Management Studio。
(2) 在查询窗格中，输入已编写好的 Transact-SQL 语句。
(3) 检查输入的 Transact-SQL 语句正确与否。
(4) 执行 Transact-SQL 语句，并分析运行结果是否合理和正确。
(5) 输出程序清单和运行结果。

七、实验报告要求

(1) 实验完成后，要求撰写实验报告，实验报告格式必须符合"课程实验规范"。

(2) 实验报告中必须附实现的 Transact-SQL 语句，并以截图的形式表现出操作是否成功，且满足实验内容的要求。

八、思考题

(1) 分析如何利用触发器实现较为复杂的用户自定义完整性？
(2) 触发器运行过程中，有什么机制来查看修改了哪些记录信息？

实验 15 数据库设计

一、实验名称和类型

实验名称	数据库概念结构和逻辑结构设计
实验学时	2
实验类型	□验证　　☑综合　　□设计
实验要求	☑必做　　□选做

二、实验目的

(1) 掌握数据库设计的方法和主要步骤。

(2) 掌握概念结构的建立方法和常用工具(E-R 图)。

(3) 掌握概念结构到逻辑结构的转换原则。

(4) 掌握数据库模式优化的主要内容和常用方法。

三、实验软硬件环境要求

装有 SQL Server 2019 的 PC 机。

四、知识准备

(1) E-R 图的基本元素包括实体型、属性和联系。

① 实体型：用矩形表示，框内写明实体名称。

② 属性：用椭圆形表示，框内写明属性名称，并用无向边将其与相应的实体型连接起来。

③ 联系：用菱形表示，框内写明联系名称，并用无向边分别与有关实体型连接起来，同时在无向边旁标上联系的类型(1:1、1:n、m:n)，如果联系本身也具有属性，则这些属性也要用无向边与该联系连接起来。

(2) 按照自底向上的设计方法，概念结构设计主要分为三个步骤，即首先通过数据抽象进行局部概念结构设计，然后将局部概念结构集成为全局概念结构，最后将全局概念结构提交审定。

① 在局部概念结构设计中，最重要的工作就是对需求分析阶段收集到的数据进行分类、聚集和概括，确定实体、属性和联系，形成局部 E-R 图。在具体应用中，可依据原子性规则、依赖性规则和一致性规则来划分实体与属性。

② 全局概念结构设计包括两个阶段，一是合并局部 E-R 图，并消除局部 E-R 图之间的冲突，生成初步 E-R 图；二是消除不必要的冗余(即优化)，生成基本 E-R 图。

(3) 初始关系模式设计就是将基本 E-R 图转换为关系模型的逻辑结构。

① 一个实体型转换为一个关系模式，实体型的名字就是关系模式的名字，实体型的属性就是关系模式的属性，实体型的主码就是关系模式的主码。

② 一个 1:1 联系可以转换为一个独立的关系模式,也可与任一端实体型对应的关系模式合并。

③ 一个 1:n 联系可以转换为一个独立的关系模式，也可以与 n 端实体型对应的关系模式合并。

④ 一个 m:n 联系只能转换为一个独立的关系模式。

⑤ 三个或三个以上实体型间的一个多元联系只能转换为一个独立的关系模式。

(4) 关系模式规范化处理的基本目标就是尽量减少关系模式中存在的各种数据异常，保证数据库在运行过程中的完整性和一致性，进一步提高数据库应用系统的性能和效率。规范化过程可分为两个步骤：确定规范化级别和实施规范化处理。

五、实验内容

某高校有若干系，每个系有若干班级和教研室，每个教研室有若干教师，其中有的教授和副教授每人各带若干研究生，每个班有若干学生，每个学生选修若干课程，每门课程有若干学生选修。

(1) 用 E-R 图绘制出该高校的概念模型。

(2) 将 E-R 图转换为关系模型，并注明主码。

(3) 写出各关系模式中的函数依赖集，并判断各关系模式属于第几范式，如果没有达到第三范式，请进行规范化。

六、实验方法及步骤

1. 实验方法

上机实验时应该一人一组，独立上机。对出现的问题要善于自己发现原因所在，独立处理。

2. 实验步骤

(1) 根据实验内容描述，抽象出实体型、属性和联系。

(2) 调出 VISO 软件工作界面，绘制局部和全局 E-R 图。

(3) 根据转换规则，将全局 E-R 图转换为关系模式，并进行优化。

七、实验报告要求

(1) 实验完成后，要求撰写实验报告，实验报告格式必须符合"课程实验规范"。

(2) 实验报告中必须附 E-R 图，关系模式的转换和优化过程。

八、思考题

如何找出关系模式中的函数依赖，并判断属于第几范式？

第 2 部分　课程设计

第 5 章
课程设计概述

5.1 课程设计的特性

1. 课程设计是有目的性的

课程设计不仅仅只"涉及"学习的学科，其更重要的目的是改进学生的学习方式，也可以有其他目的。无论这些目的是协调一致的还是有冲突的，明确的还是含蓄的，当前的还是长远的，课程设计人员都要尽可能地识别什么是真正的目的，这样才能找出相应的答案。

2. 课程设计是审慎的

课程设计不能是随意的、无计划的，也不是几周、几个月和几年内课程众多变动的总和。课程设计要有效，必须是一项有目的的规划工作。它需要有明确的工作程序，确定应做什么、由谁来做和什么时候做。

3. 课程设计应是有创造性的

完好的课程设计是系统又具有创造性的，既要脚踏实地又要富有想象力。课程设计不是一个简单划一的过程，课程设计的每一步都有机会提出创造性的见解和崭新的理念，开展创造性的工作。

4. 课程设计在多层次上运作

一个层次的设计决策必须同其他层次的决定协调一致。

5. 课程设计要有折中妥协

制定达到复杂规范的设计，必然要在效益、成本、限制条件和风险之间进行权衡。无论规划如何系统，想法如何具有创造性，任何课程设计都不能满足人们的每个要求。运转良好的课程也会遇到挑战，因此课程设计要有所折中妥协。

6. 设计也会失败

一项设计的失败可能是因为它的一个或几个组成部分失败了，或因为各组成部分组合在一起不能很好地运转，也可能是由于实施设计方案的人误解了设计或不喜欢设计方案，他们拒绝了设计方案。课程设计没有顺利实行有很多方面的原因，多数情况是设计不完全令人满意，并不是彻底失败。调和设计的关键是在设计过程中和设计后能继续完善和改进。

7. 课程设计应是有步骤的

在设计工作中，识别每阶段不同的任务和问题是重要的。课程设计是系统地执行规划指令的一种保证，虽然它并没有规定严格的顺序和不能变动的步骤。可是，课程设计在一个阶段的决定并不能独立于其他阶段的决定，所以课程设计的过程会有反复，需要回顾和重新审议，做必要的修改。其步骤如下：制定课程设计的规范，形成课程设计的理念，编制课程设计和完善课程设计。

5.2　制定课程设计规范

设计工作往往是从面临的"问题"出发，即要用有限的手段去做好工作。目标是设计能达到的要求和特点。如果我们不能确定目标究竟是什么，我们就不可能知道我们是否能完成它。限制条件是设计过程中我们难以避免的制约因素，有物质的、经济的、政治的或法律的。忽视课程设计限制条件的最终结果可能无法想象。一项课程设计方案的成功与否，很大程度上取决于目标是否规定得明确，是否承认限制条件。

5.3　课程设计的课程目标

学校教育是期望在青年人迈向成年人的道路上培养他们具有健康的、强烈的社会责任感；培养他们具有公民的品德，为其将来工作做准备；培育他们的素养，鼓励他们独特的兴趣和才能。因此，课程设计显得格外重要。

在描述一门课程时，一个重要的要求是应明确预期要达到的目标。严格地说，目标本来不是课程的一部分，目标是目的，而课程是手段，两者不能混淆。

课程设计要取得进展，就必须把注意力集中在确定那些可靠又可行的学习目标上。要正确地做到这点，就要解决好困难的问题。困难包括投资、理由、具体说明、可行性。

5.4　课程设计的限制条件

制定课程设计规范的另一方面问题是认识影响设计的限制条件。设计总会有限制条件，它们表现的方式可能是不允许做某些事或必须考虑某种条件。如同目标一样，事先应搞清楚限制条件，因为它们会影响课程设计。

达到课程目标的主要障碍是缺乏足够时间进行教学，而课程期望能达到的目标越来越多。如实地承认这种限制导致了目标之间的冲突，要达到某些目标就得放弃其他目标。除时间限制以外，还有公众认可的问题、学生的学习情况等。

为了避开已经认识到的障碍而减少目标的方法是不可行的。客观上的限制条件是会随着时间的推移而改变的。除物质定律外，制约因素不一定会长期存在，会随着时间的推移而发生改变。因此，既不要忽视制约因素，也不要认为那是不可逾越的因素。

在设计过程中，任何阶段都会遇到限制条件，重要的是查明在处理限制条件上有多大的自由。另一个处理制约条件的办法是在设计方案中增加一个在实验设计的课程以后改善限制条件的步骤。

5.5　形成课程设计理念

一些对课程至关重要的观念是形成设计理念的起点，它也许只是一些印象而并不真实，但对课程设计是有价值的，在探讨可供选择的设计时可以作为参考。各种可能性都是存在的，课程理念一般应包括须强调的教学内容条件、使用的教学方法和可利用的资源。

设计理念可以用许多种方法来表述，如一览表和文字的描述、略图和其他图解、模型或有吸引力的实例报告。对课程设计来说，至少需要一个简要的说明来阐明课程有什么特点。

第 6 章
课程设计规范

6.1 课程设计工作规范

第一条　课程设计是根据专业教学计划和课程教学目标的要求，将一门或几门课程中有关知识综合应用，对本科学生进行设计思想和设计方法的初步训练，使学生掌握基本研究设计方法的教学活动。课程设计(论文)(以下简称"课程设计")是教学计划的重要环节之一，是实践教学环节的重要组成部分，是培养学生创新设计能力的重要基础。为规范管理，保证课程设计落到实处，结合学院实际制定本规范。

第二条　课程设计的教学目标

(1) 培养学生理论联系实际的作风、求真务实的科学态度和勇于探索的创新精神。

(2) 帮助学生深入理解和牢固掌握所学课程的知识和技能，提高解决实际问题的能力，初步体验工程项目的设计过程，在实践中提升自身的工程素质。

(3) 使学生了解相关的设计标准、规范和程序，初步掌握科学的设计方法和手段，正确掌握和使用设计工具。

(4) 培养学生获取信息和综合处理信息的能力，提高文字和语言表达能力。

第三条　课程设计教学要求

(1) 紧密结合相关课程教学，加强基本功训练，注重工程设计能力培养。

(2) 做到理论与实际相结合，继承与创新相结合，教师因材施教、严格要求与发挥学生主观能动性相结合。

(3) 学生要认真学习教材和相关资料，阅读有关规范和资料，独立按时完成任务。

(4) 课程设计的说明书要求简洁、通顺、计算正确，图和表的表达内容完整、清楚、规范。

第四条　管理职责

(1) 教务处负责制定相关规范，指导和协调全校各专业的课程设计工作。

(2) 各院系可根据学校规范制定课程设计工作细则。

(3) 各院系负责本单位课程设计教学环节的组织实施与管理工作。

(4) 专业教研室具体组织课程设计选题、指导书编写、项目过程检查、评分标准制定、考核方式审定等项工作。

第五条　课程设计的选题

(1) 课程设计选题应尽量覆盖课程教学的主要内容，满足课程教学大纲的要求，达到课程设计的教学目标，使学生得到较全面的综合训练。

(2) 选题的深度、广度和难易程度适当，使学生在计划时间内经努力能够完成任务。

(3) 课程设计题目由指导教师拟定，并经院系审定，题目也可由学生自拟，但须报学院系审批同意后方可执行。

第六条　课程设计任务书、指导书

(1) 课程设计任务书由指导教师编写，教研室主任或课程负责人审定，布置设计任务之前印发给学生。任务书应包括设计题目、目的与要求、主要任务、参考资料等内容。

(2) 指导书是学生进行课程设计的指导性文件，应包括以下内容：课程设计的类别、目的、内容；设计步骤、设计要点；课程设计中所涉及主要技术的关键性分析和解决方案等。

(3) 不同专业、课程的设计任务书、指导书的具体格式可以有所不同，由教研室参考附件格式制定。

第七条　对指导教师的要求

(1) 指导教师一般由具有中级以上职称，且通过院系考核的教师担任。每位指导教师指导的学生数一般不超过一个自然班。

(2) 指导教师应熟悉课程设计的理论知识，根据课程设计教学大纲要求拟定题目、任务书及指导书，制定具体考核形式并事先向学生公布。要做好课程设计的准备工作。

(3) 按照教学大纲的要求，贯彻因材施教的原则，注重启发引导，鼓励学生提出独立见解，适当组织讨论，充分发挥学生的主体作用，注意开发学生的创新潜能。

(4) 培养和帮助学生确立正确的设计思想，提高分析问题和解决问题的能力，培养严谨的科学态度和良好学风。

(5) 严格要求，课程设计教学要认真布置、检查和严格考核，促使学生独立完成设计任务。

(6) 在课程设计过程中，教师要按时到场做具体指导，及时发现并解决问题，督促课程设计的进度和质量。

(7) 课程设计结束后要做好工作总结，按规定保管或上交文档和电子资料。

第八条　对学生的要求

(1) 学生应当修完课程设计的先修课程再进行课程设计。

(2) 学生应当明确课程设计的目的和重要性，积极认真地做好准备工作。

(3) 学生应当在教师指导下，在规定的时间内独立完成设计任务。

(4) 课程设计期间学生的考勤与纪律按学生考勤管理办法执行。

(5) 课程设计期间要爱护公物、搞好环境卫生，保证实验室整洁、文明、安静。严禁在实验室内嬉戏或开展其他休闲娱乐活动。

(6) 如有抄袭或找人代做等舞弊行为，一经发现成绩记零分，并按考试作弊处理。

第九条　成绩评定

(1) 作品和设计报告完成情况，独立工作能力及设计过程的表现，考勤和回答问题的情况等是成绩评定的基本依据。各部分评分权重由各院系根据专业特点自行确定。

(2) 课程设计的成绩分为优秀、良好、中等、及格、不及格五个等级，评为优秀的人数一般不超过 15%，优良的占比一般不超过 65%。

第十条 课程设计的文档资料由院系保留至学生毕业后两年，有示范意义的优秀课程设计作品及设计报告应长期保存。

第十一条 各院系可根据具体情况制定相应的实施细则。

第十二条 本规定自××年修订之日起实行，由教务处负责解释，此前相关规定同时废止。

6.2 课程设计撰写规范

为了统一规范课程设计的格式，保证课程设计的质量，便于信息系统的收集、存储、处理、加工、检索、利用、交流、传播，根据国家标准局批准颁发的 GB 7713—1987《科学技术报告、学位论文和学术论文的编写格式》，特制定本规范。

6.2.1 课程设计报告内容及要求

课程设计报告内容依次为封面、中文摘要、英文摘要、目录、主要符号表、正文、参考文献、附录、致谢。其中，主要符号表和附录可按需列入。

1. 封面

课程设计报告封面内容主要包括题目、院系、专业、班级、学号、姓名、指导教师等。其中，论文题目字数一般应控制在 20 字以内。

2. 中文摘要

(1) 中文摘要 200～400 字，主要阐述课程设计的目的和意义、使用的方法、完成的工作、获得的结论等。

(2) 中文摘要用句应精炼概括，并附有关键词 3～5 个，关键词应从《汉语主题词表》中摘选，当《汉语主题词表》中的词汇不足以反映主题，可由作者设计关键词。

3. 英文摘要

(1) 英文摘要的内容必须与中文摘要保持一致。撰写英文摘要要求用词准确，并使用本学科通用的词汇。

(2) 英文摘要中主语(作者)常常省略，因而一般使用被动语态，应使用正确的时态并要注意主、谓语的一致性，必要的冠词不能省略。关键词(Key words)按相应专业的标准术语写出。

4. 目录

(1) 目录应包括章、节、条三级标题，目录和正文中的标题题序统一按照"第 1 章……、1.1……、1.1.1……"的格式编写，标题题序中的阿拉伯数字用 Times New Roman 字体，"."用半角。

(2) 目录中应有页号，页号从正文开始直到全文结束。

(3) 目录页号另编，页号在页下方居中排列。

5. 主要符号表

(1) 全文中常用的符号及意义在主要符号表中列出。

(2) 符号排列顺序按英文及其他相关文字顺序排出。

(3) 主要符号表页号另编，页号在页下方居中排列。

6. 正文

正文是一个逻辑严密、论述准确、结构合理、内容充实的整体，一般应包括研究背景、设计内容及过程、结论等部分。作者可视具体设计内容分为若干章。正文应与参考文献紧密结合，重点阐述作者本人的独立设计工作和创造性见解。参考或引用他人的学术成果或学术观点，必须给出参考文献，严禁抄袭、占有他人成果。

(1) 课程设计背景及意义。设计背景是整个课程设计的基础。设计背景及意义的内容和要求为：

① 阐述本设计与现实的联系。

② 阐述本设计的目的及意义。

③ 阐述本设计的设计思路和主要内容。

(2) 课程设计内容及过程。课程设计内容、过程及规范由各专业根据专业特点确定。

(3) 结论。结论要求简明扼要地概括整个课程设计所获得的成果，着重介绍本人的独立设计和创新性成果。用词要准确、精练、实事求是。

(4) 插图。

① 插图应与文字紧密配合，文图相符，技术内容正确，编排美观。选图要力求精练。插图应符合国家标准及专业标准。对无规定符号的图形应采用该行业的常用画法。

② 每幅插图都应有图标题和图序号。图序号按章编排，如第 1 章第 4 幅插图序号为"图1.4"。图序号和图标题之间应空一格，图序号和图标题居中置于图下方(宋体五号，数字和字母用 Times New Roman 五号粗体)。引用他人插图应在图标题右上角标注引文序号。

③ 一幅插图如果有若干幅分图，均应编分图号，用(a),(b),(c)…按顺序编排，置于分图下、图标题之上。

④ 插图须紧跟文述，在正文中应先见图序号和图标题，后见图，一般情况下不能提前见图，特殊情况需延后的插图不应跨节。

⑤ 图与图标题、图序号为一个整体，不得拆开排版为两页。当页空白不够排版该图整体时，可将其后文字部分提前，将图移至次页最前面。

⑥ 图形符号及各种线型画法须按照现行的国家标准。坐标图中坐标轴上须注明标度值，并标明坐标轴所表示的物理量名称及量纲，均应按国际标准(SD)标注，例如：kW，m/s，N，m…等，但对一些示意图例外。

⑦ 图中文字以五号字为准，如排列过密，用五号字有困难时，可小于五号字，但不得小于六号字。图的尺寸缩放要适中，一篇报告中同类图片的大小应保持一致，图内文字不得大于正文文字。

(5) 表格。

① 一律使用三线表。表格不加左、右边线。

② 每张表格都应有表标题和表序号。表序号一般按章编排，如第 2 章第 4 个表的序号为"表2.4"。表序号和表标题之间应空一格，表标题中不能使用标点符号，表序号和表标题居中置于

表上方(黑体五号，数字和字母用 Times New Roman 五号粗体)。引用他人表格应在表标题右上角加引文序号。

③ 表与表序号、表标题为一个整体，一般不得拆开排版为两页。当页空白不够排版该表整体时，可将其后文字部分提前，将表移至次页最前面。表确有有续页时，要在续页表上加"续表XXX"，如"续表2.4"。

④ 表格内容为宋体五号，数字和字母用 Times New Roman 五号。表中各物理量及量纲均按国际标准(SI)及国家规定的法定符号和法定计量单位标注。

⑤ 表格设计应紧跟文述，若为大表或作为工具使用的表格，可作为附表在附录中给出。

(6) 公式。

① 公式均需有公式号，公式号按章编排，如式(2-3)。

② 公式中各物理量及量纲均按国际标准(SI)及国家规定的法定符号和法定计量单位标注，禁止使用已废弃的符号和计量单位。

③ 公式中用字、符号、字体要符合学科规范。

(7) 参考文献。

① 参考文献一般应是作者亲自考察过的对课程设计有参考价值的文献，除特殊情况外，一般不应间接使用参考文献。

② 参考文献应具有权威性，要注意引用最新(近3年)的文献。

③ 引用他人的学术观点或学术成果，必须列在参考文献中。

④ 参考文献在报告中按出现次序依次列出，并在引用处右上角标注，标注符号为[X]。

⑤ 参考文献的数量一般不低于10篇，以近期文献为主。

⑥ 参考文献的书写顺序按照报告中出现的先后排列。

⑦ 参考文献的著录格式如下。

- 期刊著录格式：序号 作者. 题名. 刊名(外文刊名可缩写，缩写后的首字母应大写)，出版年，卷号(期号)：页码(起始页).
- 专著著录格式：序号 作者. 书名. 版次(第一版不标注). 出版地：出版者，出版年. 页码.
- 论文集著录格式：序号 作者. 题名. 见(In)：论文集主编，编(eds). 论文集名. 出版地：出版社，出版年. 页码.
- 学位论文著录格式：序号 作者. 题名：[学位论文]. 学位授予单位所在地：学位授予单位，学位授予年.
- 专利著录格式：序号 专利申请者. 专利题名. 专利国别，专利文献种类，专利号. 出版日期.
- 技术标准著录格式：序号 技术标准发布单位. 技术标准代号. 技术标准名称. 出版地：出版者，出版年.

(8) 附录。附录的内容包括：

① 正文中过长的公式推导与证明过程，可在附录中依次给出。

② 与本文紧密相关的非作者自己的分析、证明及工具用表格等。

③ 在正文中无法列出的实验数据。

(9) 致谢。致谢中主要感谢导师和对论文工作有直接贡献及帮助的人士和单位。谢辞谦虚诚恳，实事求是。

6.2.2 课程设计报告排版及要求

(1) 课程设计报告一律使用简化汉字，A4 纸单面清晰打印，少量中、英文无法打印的文字符号可允许手写，但须清晰整洁。

(2) 页眉：从正文开始到最后，在每一页的最上方，宋体五号，居中排列，页眉下方划一条 0.75 磅实线，页眉内容为课程设计题目。

(3) 页边距：上边距 2.5cm，下边距 2.5cm，左边距 3.0cm，右边距 2.5cm。

(4) 间距：章标题段前 0.5 行，段后 0.5 行，1.5 倍行距；节标题段前 0.5 行，段后 0.5 行，1.5 倍行距；标题以外的文字行距为 1.5 倍行距，字符间距为"标准"。

(5) 字体和字号(表 6-1)。

表 6-1 字体和字号

序号	名称	字体和字号	序号	名称	字体和字号
1	中文摘要标题	黑体三号，居中	14	各章三级标题	黑体小四号
2	中文摘要内容	宋体小四号	15	款项	黑体小四号
3	中文关键词标题	黑体小四号	16	正文内容	宋体小四号
4	中文关键词	宋体小四号	17	结论标题	黑体三号，居中
5	英文摘要标题	Times New Roman 粗体三号，居中	18	结论内容	宋体小四号
6	英文摘要内容	Times New Roman 小四号	19	参考文献标题	黑体三号，居中
7	英文关键词标题	Times New Roman 粗体小四号	20	参考文献内容	宋体小四号
8	英文关键词	Times New Roman 小四号	21	致谢标题	黑体三号，居中
9	目录标题	黑体三号，居中	22	致谢内容	宋体小四号
10	目录一级标题(含结论、参考文献、致谢、附录标题)	黑体四号	23	附录标题	黑体三号，居中
11	目录中其他内容	宋体小四号	24	论文页码	页面底端居中、阿拉伯数字(Times New Roman 五号)连续编码
12	各章一级标题	黑体三号，居中	25	页眉与页脚	宋体五号，居中
13	各章二级标题	黑体四号			

6.3　设计报告参考模板

×××大学
数据库系统及应用
课程设计

题　　　目　_____

学　院 (系)　_____

专　　　业　_____

班　　　级　_____

姓名 | 学号　_____

_____

_____

_____

指 导 教 师　_____

_____年_____月_____日

摘　要(黑体三号，居中)

摘要内容：(宋体小四号，1.5 倍行距)

关键词：(3～5 个，宋体小四号)

Abstract(Times New Roman 粗体三号，居中)

外文摘要内容与中文摘要对应：(Times New Roman 小四号，1.5 倍行距)

Key Words：(3～5 个，Times New Roman 小四号)

目　录(黑体三号，居中)

第 1 章(黑体三号，居中，段前 0.5 行，段后 0.5 行，1.5 倍行距)

1.1(黑体四号，段前 0.5 行，段后 0.5 行，1.5 倍行距)

1.1.1(黑体小四号)

正文内容(宋体小四号，1.5 倍行距，首行缩进 2 字符)

分章换页。

参考文献(黑体三号，居中)

参考文献内容(宋体小四号，1.5 倍行距)

附　录(黑体三号，居中)

附录内容(宋体小四号，1.5 倍行距)

致　谢(黑体三号，居中)

致谢内容(宋体小四号，1.5 倍行距，首行缩进 2 字符)

6.4 课程设计任务书

《数据库系统及应用》课程设计任务书

学生姓名：_____

专业班级：_____ 指导教师：_____

一、题目

二、目的与要求

   1. 目的

   2. 要求

三、主要任务

四、进度安排

五、任务分配

学生姓名	主要完成的任务

六、参考资料

指导教师签名： 年 月 日

教研室主任签名： 年 月 日

第7章
课程设计大纲

"数据库系统及应用"课程设计教学大纲

课程名称：数据库系统及应用　　　课程代码：×××
课程类型：独立实验课　　　　　　课程性质：必修
总　学　时：36 学时　　　　　　总　学　分：1.5
适用范围：计算机科学与技术、网络工程、软件工程

一、性质与目标

1. 课程性质

《数据库系统及应用课程设计》是计算机科学与技术、软件工程、网络工程专业的必修课，是《数据库系统及应用》课程的后续实践性课程，是一门独立开设的实践性课程，也是毕业设计等后续课程的基础。目前绝大多数计算机应用都需要数据库技术的支撑，数据库已经成为计算机信息系统与应用系统的核心技术和重要基础。通过课程设计，能激发学生对数据库及相关知识的兴趣，培养学生分析问题、解决问题的基本能力，培养学生成为工程实用型人才，为其今后在相关领域开展工作打下坚实的基础。

2. 课程目标

了解关系数据库的基本原理，综合运用所学的知识，设计开发一个小型的数据库管理信息系统，使学生掌握数据库设计各阶段的输入、输出、设计环境、目标和方法。熟练掌握两个主要环节——概念结构设计与逻辑结构设计；熟练的使用 SQL 语言实现数据库的建立、应用和维护。具备对一个实际问题的分析、设计与实现的能力。

二、任务与要求

1. 设计技术要求

(1) 巩固学生对《数据库系统及应用》理论知识的理解和应用。

(2) 通过设计真实的数据库系统项目，使学生进一步熟悉数据库管理系统的操作技术，提高学生独立思考与实践的能力、分析问题和解决问题的能力。

(3) 根据需求，完成数据分析、数据库设计、数据库和数据表的实现、数据库的维护等。

(4) 按要求撰写课程设计报告。

2. 课程思政要求

(1) 课程设计过程中，要求具备求真务实、开拓创新的理性精神。

(2) 反对弄虚作假，避免抄袭和剽窃行为，反对编造、篡改实验数据和结论。

(3) 培养学生的创新意识，引导学生应用创新思维、创新方法和技巧解决问题；理解创新对企业、对社会、对国家的重要性。

三、选题要求

1. 选题范围

(1) 中小型数据库管理系统的分析与设计。

(2) 关系数据库的分析与设计。

2. 参考题目

(1) 水电收费管理系统。

(2) 图书管理系统。

(3) 库存管理系统。

(4) 工资管理系统。

(5) 客房管理系统。

(6) 科研项目管理系统。

(7) 物业管理系统。

(8) 汽车租赁管理系统。

(9) 餐饮管理系统。

(10) 教务管理系统。

四、内容及进度安排(表 7-1)

表 7-1　课程设计内容及进度安排

序号	设计步骤	学时	设计内容
1	选题与收集资料	2	组队、选题并进行组内分工；收集相关资料；熟悉设计工具
2	需求分析	4	进行功能需求分析和数据需求分析，找出系统的信息要求、处理要求、安全性要求
3	概念结构设计	4	完成系统局部 E-R 图设计和全局 E-R 图设计
4	逻辑结构设计	4	将全局 E-R 图转换为关系模式；关系模式的优化；关系模式的规范化
5	物理结构设计	2	确定数据库的存储结构；选定实施环境，存取方法等

序号	设计步骤	学时	设计内容
6	数据库的实施	6	设计并创建数据库对象(数据库、数据表、视图、触发器、存储过程等);加载数据,完成数据的更新和查询操作
7	数据库验证	4	验证设计的数据库是否满足需求分析中的用户需求
8	撰写报告	10	按照课程设计规范要求完成设计报告的撰写
	合计	36	

五、成果材料要求

1. 纸质材料要求

(1) 课程设计报告不少于 3000 字,用 A4 纸打印后提交,且设计报告的撰写和排版必须符合"课程设计规范"。

(2) 封面应有题目、班级、姓名、学号、完成日期、指导教师等说明。

(3) 正文一般要求包含以下几个方面的内容。

① 课程设计说明,包括开发环境、运行环境、开发工具及版本、安装配置的方法、简洁的操作指南(如果需要)等。

② 系统分析报告,包括系统的需求分析、功能模块设计、数据字典、概念结构(E-R图)、逻辑结构等。

③ 课程设计小结,包括设计的收获、设计的优点和不足、设计的感想和体会等。

④ 参考文献。

2. 电子材料要求

(1) 设计报告的 pdf 文档。

(2) SQL Server 数据库的物理文件(.mdf 和.ldf)。

(3) 课程设计涉及的、设计者认为有必要提交的其他文档。

六、课程考核与成绩评定

1. 课程考核

课程设计成绩评定采用百分制。指导教师根据学生完成任务的情况,考察课程设计中工作量、设计能力、设计报告等方面综合打分。

(1) 工作量:考查学生完成设计的工作量大小,从难度、完成情况等方面考查。

(2) 设计能力:是否具有独立分析、解决问题的能力,主要考查在规定时间内完成任务情况,或是否满足实际要求。

(3) 设计报告:是否认真撰写设计报告,内容是否客观、正确、完整。

2. 成绩等级

(1) 100~90:完成任务书中要求的所有内容,系统运行正确,功能完善,文档详细,数据库设计合理,人机接口界面友好,工作量充分。

(2) 89～80：完成任务书中要求的大部分内容，系统运行正确，功能较为完善，文档较详细，数据库设计较合理，人机接口界面较好，工作量较大。

(3) 79～70：完成任务书中要求的大部分内容，系统运行正确，功能基本完善，文档较详细，数据库设计基本合理，有基本的人机接口界面，工作量适中。

(4) 69～60：完成任务书中要求的基本内容，系统运行基本正确，完成基本数据增、删、改、查功能，文档有系统主要功能的介绍，工作量偏少。

(5) 分数小于60(不及格)：未按时完成任务书中要求的设计内容，或未按时呈交设计文档与光盘者。

七、建议教材与参考资料

1. 建议教材

[1] 王珊，萨师煊. 数据库系统概论(第5版)[M]. 北京：高等教育出版社，2014.

[2] 胡致杰，等. 数据库系统及应用课程设计与实验指导[M]. 北京：清华大学出版社，2018.

2. 建议参考资料

[1] 陈志泊. 数据库原理及应用教程(第4版)[M]. 北京：人民邮电出版社，2017.

[2] 王六平，等. 数据库系统原理与应用(第二版)[M]. 武汉：华中科技大学出版社，2019.

[3] 王亚平，等. 数据库系统工程师教程(第3版)[M]. 北京：清华大学出版社，2018.

[4] 刘金岭，等. 数据库原理及应用 SQL Server 2012[M]. 北京：清华大学出版社，2020.

第 8 章
课程设计实施方案

"数据库系统及应用" 课程设计实施方案

一、课程设计目的

1. 加深学生对课堂讲授内容的理解

数据库理论课中有关数据库技术的基本理论、基本概念、设计方法等理论性知识，仅靠课堂讲授难以理解和消化，通过课程设计的"练、做、用一体化"加深对它们的认识和理解。

2. 强化学生实践意识，提高分析和设计能力

数据库是一门应用性很强的学科，开发一个数据库系统需要集理论、系统和应用三方面为一体，以理论为基础，以系统(DBMS)作支柱，以应用为目的，将三者紧密结合起来。同时结合实际需要开发一个真实的数据库系统，完成数据库的分析、设计、实现、运行等全部过程。在此过程中将所学的知识贯穿起来，达到能够纵观全局，分析、设计具有一定规模题目的要求，基本掌握数据库系统设计与开发的基本思路和方法，在此基础上强化学生的实践意识，提高其分析和设计的能力。

3. 培养学生自学及主动解决问题的能力

通过课程设计，使学生能够主动查阅与数据库相关的资料，掌握一些课堂上老师未曾教授的知识，从而达到培养学生自学及主动解决问题的能力的目的，为后面的毕业设计打下坚实的基础。

二、课程设计内容

在任一 DBMS 环境下，完成数据库的设计和建立，并在此基础上实现数据更新、数据查询操作，根据实际需求完成存储过程、触发器等数据库对象的设计。

1. 需求分析

对所选题目进行调研，进行功能需求分析和数据需求分析，找出系统的信息需求、处理需求、安全性需求。依据调研结果，绘制业务流程图、数据流图(DFD)、数据字典(DD)，

书写相关文字说明,进一步分析和表达用户的需求。

2. 概念结构设计

根据需求分析的结果,绘制系统各部分(子系统)的局部 E-R 图;合并各局部 E-R 图,消除冲突和冗余,形成全局 E-R 图。如果系统较简单,可直接绘制系统的全局 E-R 图。

3. 逻辑结构设计

将全局 E-R 图转换成等价的关系模式;按需求对关系模式进行规范化;对规范化后的关系模式进行评价和调整,使其满足性能、存储等方面的要求;根据局部应用需要设计外模式(视图)。

4. 物理结构设计

通过需求调研中对信息存储规模的估算,做出合理的分区设计、索引设计和表间的关联构建;选定实施环境,存取方法等。

5. 数据库实施

设计数据库中基本表(含完整性)、视图、索引等数据库对象的结构和定义(可以用 SQL 脚本提供),并将所设计的数据库对象在选定的 DBMS 上实现;加载数据,实现数据的更新和查询;根据应用需求设计存储过程和触发器,并进行调用和触发。

6. 数据库验证

验证设计的数据库是否满足需求分析中的各类需求。

三、课程设计选题

1. 选题原则

(1) 选用自己相对比较熟悉的实际应用题目为宜,要求所选题目能覆盖多个知识点,难易适中,具有典型意义,且能使用现有工具进行设计与实现。

(2) 分组选题,每组 3~4 人,每组选取一题;同时每题必须被选取,但最多只能被 2 组选取。

2. 备选题目(表 8-1)

表 8-1　课程设计备选题目

题号	题目	功能要求
1	设备管理系统	实现设备类别、设备信息管理; 实现设备入库管理,必须自动修改相应设备的数量; 实现设备的领用和归还管理(要自动修改相应设备的可领用数量); 实现设备的报损管理(报损后要自动修改相应设备的数量和可领用数量); 创建存储过程,统计各种类型设备的数量; 创建存储过程,统计指定月份各设备的领用归还情况

续表

题号	题目	功能要求
2	学生宿舍管理系统	实现宿舍楼基本信息管理； 实现宿舍楼中宿舍基本信息管理； 实现宿舍楼中保卫室基本信息管理； 实现入住学生基本信息管理； 实现宿舍事故基本信息及事故处理信息管理； 实现宿舍楼物品出入审批及记录； 创建触发器，实现学生毕业时宿舍状态信息的统计； 创建存储过程，统计指定月份各宿舍的事故情况
3	图书借阅管理系统	实现图书信息、类别、出版社等信息管理； 实现读者信息、借阅证信息管理； 实现图书的借阅、续借、归还管理； 实现超期罚款管理、收款管理； 创建触发器，分别实现借书和还书时自动更新图书信息的在册数量； 创建视图，查询各种图书的书号、书名、总数和在册数； 创建存储过程，查询指定读者借阅图书的情况
4	学籍管理系统	实现学生、班级、专业、院系等信息管理； 实现课程、学生成绩信息管理； 实现学生奖惩信息管理； 创建视图，查询各个学生的学号、姓名、班级、专业、院系； 创建存储过程，查询指定学生的成绩单； 创建触发器，当增加、删除学生或修改学生班级信息时自动修改相应班级学生人数
5	人事管理系统	实现部门、职务、职称等信息管理； 实现职工信息管理； 实现职工学习经历和任职经历管理； 实现奖惩信息管理； 创建存储过程，查询各个部门各种职称的职工数量； 创建视图，查询各职工的工号、姓名、部门、职务信息； 创建触发器，当增加、删除职工或修改职工部门信息时自动修改相应部门的职工人数
6	书店进销存管理系统	实现图书类别、出版社、图书、仓库信息管理； 实现进货、入库管理； 实现销售、出库管理； 创建存储过程，查询某段时间内各种图书的进货和销售情况； 创建视图，查询各类图书的库存总数； 创建触发器，当图书入库时自动修改图书总量和存放仓库中该图书数量； 要求一单可以处理多种图书(比如销售设置销售单及其明细两个表)

续表

题号	题目	功能要求
7	自行车零售/ 出租管理系统	实现自行车类型及信息管理; 实现自行车的入库管理; 实现自行车的借还管理; 实现自行车的零售管理; 创建触发器,入库登记、零售时自动修改现货数量,借、还时自动修改现货数量; 创建存储过程,统计某段时间内各自行车的销售、借还数量; 创建视图,查询各类自行车的库存情况
8	教材管理系统	实现出版社、教材类型、教材信息管理; 实现教材的订购管理; 实现教材的入库管理; 实现教材的发放管理; 创建触发器,实现教材入库和出库时自动修改库存数量; 创建存储过程,统计各种教材的订购、到货和发放数量
9	二手房中介 管理系统	实现房屋户型、房屋信息、房东信息管理; 实现租房客户信息管理; 实现房屋的出租、归还管理; 实现租房收费管理; 创建存储过程,统计各种户型的房屋的出租数量; 创建触发器,当房屋租出时自动修改该房屋的状态; 创建视图,查询当前所有房屋的房号、房东、状态信息
10	宾馆客房 管理系统	实现客房类型、价目信息、客房信息管理; 实现客户信息管理; 实现入住和退房管理; 实现费用管理; 创建触发器,实现入住和退房时自动修改客房的状态; 创建存储过程,统计某段时间内各种类型客房的入住时间合计和费用合计; 创建视图,查询某一时刻没有入住的房间信息
11	送水公司 送水系统	实现工作人员、客户信息管理; 实现矿泉水类别和供应商管理; 实现矿泉水入库管理和出库管理; 实现费用管理; 创建触发器,实现入库、出库时相应类型矿泉水数量的增加或减少; 创建存储过程,统计每个送水员工指定月份送水的数量; 创建存储过程,查询指定月份用水量最大的前 10 个用户

续表

题号	题目	功能要求
12	工厂物料管理系统	实现物料的分类管理； 实现部门、员工信息管理； 实现物料的入库和领用管理； 创建触发器，实现物料入库和领用时相应物料库存的自动更新； 创建视图，查询各种物料的现存数量； 创建存储过程，统计指定时间段内各种物料的入库数量和领用数量
13	工资管理系统	实现部门、职务、职称、工资类别等信息管理； 实现职工信息管理； 实现考勤信息管理； 实现工资计算、发放管理； 创建存储过程，查询各个部门各种职称的职工数量； 创建视图，查询各职工的工号、姓名、部门、职务信息； 创建触发器，当增加、删除职工或修改职工部门信息时自动修改相应部门的职工人数

四、课程设计进度安排(表 8-2)

表 8-2　课程设计进度安排

序号	设计步骤	学时	设计内容
1	选题与收集资料	2	组队、选题并进行组内分工；收集相关资料；熟悉设计工具
2	需求分析	4	进行功能需求分析和数据需求分析，找出系统的信息要求、处理要求、安全性要求
3	概念结构设计	4	完成系统局部 E-R 图设计和全局 E-R 图设计
4	逻辑结构设计	4	将全局 E-R 图转换为关系模式；关系模式的优化；关系模式的规范化
5	物理结构设计	2	确定数据库的存储结构；选定实施环境，存取方法等
6	数据库的实施	6	设计并创建数据库对象(数据库、数据表、视图、触发器、存储过程等)；加载数据，完成数据的更新和查询操作
7	数据库验证	4	验证设计的数据库是否满足需求分析中的用户需求
8	撰写设计报告	10	按照课程设计规范要求完成设计报告的撰写
	合计	36	

五、课程设计要求

(1) 要充分认识课程设计对培养能力的重要性，认真做好设计前的各项准备工作。

(2) 既要虚心接受老师的指导，又要充分发挥主观能动性。结合课题，独立思考，努力钻研，勤于实践，勇于创新。

(3) 在设计过程中，要严格要求自己，树立严肃、严密、严谨的科学态度，必须按时、按质、按量完成课程设计。

(4) 独立按时完成规定的工作任务,不得弄虚作假,不准抄袭他人内容,否则成绩以不及格计。

(5) 小组成员之间,既要明确分工,又要保持联系畅通,密切合作,培养良好的互相帮助和团队协作精神。

六、课程设计报告与成绩评定

1. 课程设计报告

课程设计结束后,必须提交完整的电子版和打印版设计材料。

(1) 电子版材料。

① 课程设计任务书(pdf文件)。

② 课程设计报告(pdf文件)。

③ 数据库文件。

④ 课程设计涉及的,设计者认为有必要提交的资料。

⑤ 材料的撰写和排版应符合"课程设计规范"的要求。将所有电子版材料压缩为一个文件,文件名为"组号-组员姓名-课程设计题目名"。

(2) 打印版材料。

① 课程设计任务书。

② 课程设计报告。

③ 课程设计涉及的,设计者认为有必要提交的资料。

④ 材料的撰写、排版、打印和装订应符合"课程设计规范"的要求。将所有打印版材料装入"课程设计资料袋"后提交,课程设计资料袋封面具体见本章附件。

2. 成绩评定

(1) 课程设计成绩评定采用百分制。指导教师根据学生完成任务的情况,考察课程设计中工作量、设计能力、设计报告等方面综合打分。

① 工作量:考查学生完成设计的工作量大小,从难度、完成情况等方面考察。

② 设计能力:是否具有独立分析、解决问题的能力,主要考查在规定时间内完成任务情况,或是否满足实际要求。

③ 设计报告:是否认真撰写设计报告,内容是否客观、正确和完整。

(2) 评分标准(表8-3)。

表8-3　课程设计评分标准

序号	报告内容	所占比重	评分原则				
			不给分	及格	中等	良好	优秀
1	需求分析	10%	没有	不完整	基本正确	描述正确	描述准确
2	概念结构设计	30%	没有	不完整	基本可行	方案良好	很有说服力
3	逻辑结构设计	20%	没有	不完整	基本正确	正确	正确,清晰

续表

序号	报告内容	所占比重	评分原则				
			不给分	及格	中等	良好	优秀
4	数据库实现	20%	没有	不完整	基本完整	完整	完整且数据充足
5	其他	20%	包括是否按时完成，报告格式，字迹、语言等等				

(3) 成绩等级。

① 100~90：完成任务书中要求的所有内容，系统运行正确，功能完善，文档详细，数据库设计合理，人机接口界面友好，工作量充分。

② 89~80：完成任务书中要求的大部分内容，系统运行正确，功能较为完善，文档较详细，数据库设计较合理，人机接口界面较好，工作量较大。

③ 79~70：完成任务书中要求的大部分内容，系统运行正确，功能基本完善，文档较详细，数据库设计基本合理，有基本的人机接口界面，工作量适中。

④ 69~60：完成任务书中要求的基本内容，系统运行基本正确，完成基本数据增、删、改、查功能，文档有系统主要功能的介绍，工作量偏少。

⑤ 分数小于 60(不及格)：未按时完成任务书中要求的设计内容，或未按时呈交设计材料。

附件　课程设计资料袋封面

×××大学

数据库系统及应用

课程设计

题　　目 _____

学 院 (系) _____

专　　业 _____

班　　级 _____

学 生 人 数 _____

指 导 教 师 _____

_____年_____月_____日

第 9 章
课程设计案例

9.1　课程设计任务书

"数据库系统及应用"课程设计任务书

学生姓名：　　黄××，蓝××，林××，杨××

专业班级：　20 计算机科学与技术 1 班　　　指导教师：　　胡××

一、题　　目

网上书店管理系统

二、目的与要求

本课程设计的目的：

1. 加深对数据库系统基本理论和基本知识的理解。

2. 熟练掌握一种具体的数据库管理系统的使用方法。

3. 掌握数据库应用系统设计的全过程，提高运用数据库系统解决实际问题的能力。

本课程设计的要求：

1. 课程设计由小组成员合作完成。

2. 课程设计报告不少于 3000 字，报告的版面格式符合"课程设计撰写规范"，提交报告的 Word 文档和打印稿。

3. 课程设计报告封面应有题目、班级、姓名、学号、完成日期、指导教师等项目的说明。

4. 课程设计报告正文一般要求包含以下几个方面的内容。

(1) 需求分析。

(2) 概念结构设计。

(3) 逻辑结构设计。

(4) 物理结构设计。

(5) 数据库的实施。

(6) 数据库验证。

(7) 课程设计小结。

(8) 附录或参考资料。

三、主要任务

1. 对系统业务需求、功能需求、数据需求进行分析。

2. 进行数据库的概念结构设计，画出数据库的E-R图(局部和整体E-R图)。

3. 进行数据库的逻辑结构设计，设计数据库模式并进行模式求精。

4. 进行数据库定义(数据库、基本表、索引、数据库完整性)，实现系统数据的操作。

5. 根据系统功能需求，设计相应的查询视图、存储过程和触发器。

6. 数据操作验证，设计查询语句，并在查询窗口中对功能需求的实现进行验证。

7. 通过建立用户和权限分配，实现数据库的安全性，考虑数据库的备份与恢复。

四、进度安排

序号	设计步骤	学时	设计内容
1	选题与收集资料	2	组队、选题并进行组内分工；收集相关资料；熟悉设计工具
2	需求分析	4	进行功能需求分析和数据需求分析，找出系统的信息要求、处理要求、安全性要求
3	概念结构设计	4	完成系统局部E-R图设计和全局E-R图设计
4	逻辑结构设计	4	将全局E-R图转换为关系模式；关系模式的优化；关系模式的规范化
5	物理结构设计	2	确定数据库的存储结构；选定实施环境，存取方法等
6	数据库的实施	6	设计并创建数据库对象；加载数据，完成数据的更新和查询操作
7	数据库验证	4	验证设计的数据库是否满足需求分析中的用户需求
8	撰写报告	10	按照课程设计规范要求完成设计报告的撰写
	合计	36	

五、任务分配

学生姓名	主要完成的任务
黄××(组长)	需求分析、逻辑结构设计、数据库定义、撰写设计报告、验收答辩
蓝××	需求分析、概念结构设计、数据库实施、撰写设计报告
林××	需求分析、概念结构设计、数据操作验证、撰写设计报告
杨××	需求分析、数据库定义、数据操作验证、撰写设计报告

六、参考资料

[1] 王珊，萨师煊. 数据库系统概论(第 5 版)[M]. 北京：高等教育出版社，2014.

[2] 王珊，张俊. 数据库系统概论(第 5 版)习题解析与实验指导[M]. 北京：高等教育出版社，2015.

[3] 姚永一. SQL Server 数据库实用教程[M]. 北京：电子工业出版社，2010.

[4] 何玉洁，梁琦. 数据库原理与应用(第二版)[M]. 北京：机械工业出版社，2011.

[5] 壮志剑. 数据库原理与 SQL Server[M]. 北京：高等教育出版社，2008.

[6] 张宝华. SQL Server 2008 数据库管理项目教程[M]. 北京：化学工业出版社，2010.

指导教师签名：胡×× 　　　　××年××月××日

教研室主任(或责任教师)签名：××× 　　　　××年××月××日

9.2 课程设计报告

×××大学
数据库系统及应用
课程设计

题　　　目　　网上书店管理系统

学　院 (系)　　信息技术学院

专　　　业　　计算机科学与技术

班　　　级　　**2020 级 1 班**

姓名 | 学号　　黄××|2012402601017

蓝××|2012402601021

林××|2012402601029

杨××|2012402601045

指 导 教 师　　胡××

2022 年 **12** 月 **09** 日

【摘要】网上书店管理系统是根据需求主要完成书店的管理和销售工作，包括书籍入库、销售、盘存、顾客积分等。系统可以提供相关信息的浏览、查询、插入、删除等功能。系统的关键是采购、库存、销售三者之间的关系，当完成入库或销售操作时系统会自动完成库存的修改。查询功能也是系统的核心功能之一，系统可以根据用户的需要进行各类查询。系统数据库设计采用 Microsoft SQL Server 2012。系统易于维护，易于扩充。

【关键词】数据库设计，书店，进销存，SQL Server

Abstract: Bookstore purchase-sale-storage system is mainly based on the needs of the bookstore management and sales, including book storage, sales, inventory, customer points and so on. The system can provide functions such as browsing, querying, inserting, and deleting related information. The key to the system is the relationship among procurement, inventory, and sales. The system will automatically complete the inventory modification when the storage or sales operations are completed. The query function is also one of the core functions of the system. The system can perform various types of queries according to the needs of users. The system database design adopts Microsoft SQL Server 2012. The system is easy to maintain and easy to expand.

Key Words：Database Design, Bookstore, Purchase-sale-storage, SQL Server

目 录

第1章 需求分析

1.1 需求概述和系统边界

随着 Internet 技术的迅速发展，电子商务已被广大互联网用户所接受。作为图书销售与电子商务相结合的产物，网上书店因具有信息传递迅速、销售成本低、交易不受时空限制等优点，受到广大读者的喜爱与青睐。

网上书店以网站或 App 作为交易平台，将图书基本信息进行线上发布。然后，客户可通过 WEB 或手机查看图书信息并提交订单，实现图书的在线订购。订单提交后，书店职员对订单进行及时处理，以保证客户能在最短的时间内收到图书。

网上书店管理系统是一个基于 B2C 的系统，该系统支持 4 类用户：游客、会员、职员和系统管理员。游客可以随意浏览图书信息，但只有注册为会员后才能在线购书，游客注册成功后即为普通会员，当其购书金额达到一定数量时可升级为不同等级的 VIP 会员，以享受相应的优惠折扣。会员登录后，可以随意浏览图书信息，也可以通过不同方式(如书名、作者、出版社等)搜索图书信息，还可进行网上订书、在线支付、订单查询与修改、发表留言等操作。职员登录后，可进行图书信息维护和发布、订单处理、图书配送、退货处理，并进行图书采购、库存管理、留言回复等。系统管理员主要职责是维护注册会员和职员信息。

由于完整的网上书店管理系统功能比较复杂，本设计暂不考虑线上支付和退货等功能。

1.2 业务需求分析

业务需求分析是根据现实世界的业务需求，描述应用的具体业务处理流程，并分析哪些业务可以由计算机完成，哪些业务不能由计算机完成。

网上书店的主要业务包括：图书信息的发布与查询、在线订书、订单处理、配送管理、图书采购、库存管理、留言管理、用户管理、图书管理、出版社管理、配送公司管理等。其中的核心业务"在线订书"和"订单处理"的业务处理流程，如图 1-1 所示。

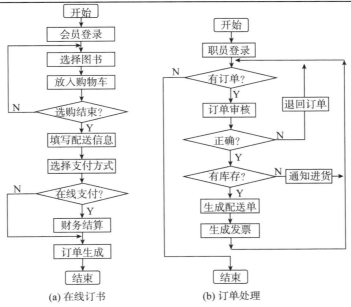

(a) 在线订书　　　　　　　(b) 订单处理

图 1-1　网上书店核心业务处理流程图

1.3　功能需求分析

功能需求分析是描述系统应提供的功能和服务。根据上述的需求概述和业务需求分析，并通过与网上书店人员的沟通和交流，网上书店主要的功能需求如图 1-2 所示。

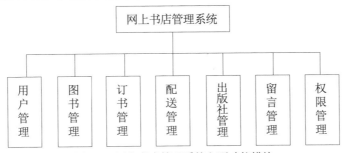

图 1-2　网上书店管理系统主要功能模块

1.3.1　用户管理

用户管理主要提供会员及职员基本信息录入、维护与查询等功能，主要包括：

(1) 会员注册信息录入、维护和查询。

(2) 职员注册信息录入、维护和查询。

(3) 系统管理员审核会员资格、列入黑名单。

(4) 系统管理员修改、删除会员和职员信息。

(5) 会员升级管理。当会员订书总金额到达一定数额后成为不同级别的 VIP 用户，以享受相应的优惠折扣。

1.3.2　图书管理

图书管理主要提供图书基本信息录入与维护，图书采购、入库、信息发布等功能，主要包括：

(1) 图书基本信息录入、维护和查询。

(2) 图书采购管理。当图书库存数量不足或出版社有新书出版时，职员负责图书采购。

(3) 图书入库管理。当采购的图书到货后办理图书入库，并增加新图书信息、更新图书库存数量。

(4) 图书信息发表，线上发布新书信息、图书推荐信息、促销信息等，并及时更新。

1.3.3　订书管理

订书管理主要提供线上图书选购、订单管理及发票管理等功能，主要包括：

(1) 图书选购。会员登录后，选购图书放入购物车中，并填写购买数量。购物车中的图书可增加、删除和修改，并自动统计图书总价格。

(2) 生成订单。选书完毕并确认后，提交生成订单，并填写配送信息、发票信息及选择支付方式。每张订单可分为多张配送单进行配送，配送明细信息由会员填写。

(3) 更新订单。会员提交的订单，在书店职员未完成审核之前，允许会员修改订单内容或删除订单。

(4) 订单查询。订单提交后，会员可查询订单状态。

(5) 受理订单。订单生成后，职员对订单进行审核。

① 如发现订单及配送单信息填写不正确，则退回客户重新填写。

② 如果通过审核，则检查所订购图书是否有库存。如果一个配送单中所购的图书均有库存，则生成该配送单的发票，更新库存数量，安排配送。如果一个配送单中的部分图书库存不足(通知尽快进货)，且会员同意拆送，则系统自动对该配送单进行拆分配送(先配送有库存的图书)，生成拆分的配送单及发票，更新库存数量，安排配送。

1.3.4　配送管理

配送管理主要提供配送信息维护及配送单管理等功能，主要包括：

(1) 配送公司信息录入、维护和查询。

(2) 配送单生成、维护和查询。

① 一张订单所订购的图书可拆分成不同的配送单发货，但一个配送单不能包含不同订单的图书。

② 会员在生成订单之后，还需要进一步进行配送设置，同时还需要选择是否同意自动拆送。

(3) 配送情况跟踪。

1.3.5 出版社管理

出版社管理主要提供出版社信息录入、维护与查询等功能。

1.3.6 留言管理

留言管理主要对留言及回复信息进行管理，主要包括：

(1) 会员发表留言。会员可在线上发表留言或评论。

(2) 职员回复留言。职员可对会员的留言进行回复。

1.3.7 权限管理

权限管理主要提供权限分配、登录及权限验证等功能，主要包括：

(1) 系统管理员分配权限。

(2) 用户登录及权限验证。

(3) 用户密码重置。

1.4 数据需求分析

对功能需求分析的结果进行抽象和提取，网上书店管理系统的数据需求具体如下。

1.4.1 注册管理数据

1. 会员注册信息

会员注册时要求填写会员基本信息，包括姓名、性别、电话、电子邮箱、登录密码等信息。系统检查所有信息填写正确后，提示会员注册成功，并返回会员编号(唯一标识)，会员编号由系统按时间顺序生成。

当会员购书总额达到一定数量(即不同等级 VIP 所要求的购书总额的阀值，称为等级购书额定)时，可升级为不同等级的 VIP 会员，因此会员还需要维护购书总额、会员等级、等级购书额定、会员折扣等信息。

2. 职员注册信息

职员注册时要填写基本信息，包括姓名、性别、出生日期、部门、薪水、住址、电话、电子邮箱、登录密码等信息。系统检查所有信息填写正确后，提示注册成功，并返回职员编号(唯一标识),职员编号由系统按时间顺序生成。

1.4.2 图书管理数据

1. 图书信息

图书信息包括 ISBN、书名、作者、版次、类别、出版社、出版年份、库存数量、定价、图书折扣、内容简介、目录等。其中,ISBN 为图书的唯一标识。

2. 图书采购单

当库存数量不足或出版社出版新书时,职员负责图书采购。

采购单内容包括采购单号、出版社、采购日期、采购人、采购总金额、入库状态、采购明细(ISBN、书名、采购数量、单价)等。

其中,采购单号是采购单的唯一标识,并由系统按时间顺序生成。入库状态记录了该采购单的当前入库情况,包括"未入库""已部分入库""已全部入库"等状态。

3. 图书入库单

当订购的图书到货后办理图书入库,并增加新购图书信息、更新图书库存数量。

入库单内容包括入库单号、对应采购单号、入库日期、入库人、验收人、入库明细(ISBN、书名、入库数量)等。其中,入库单号是入库单的唯一标识。(本设计没有考虑图书出库管理)

1.4.3 订书管理数据

会员完成图书选购,提交生成订单。

订单内容包括订单号、订购日期、应收总金额、会员折扣、实收总金额、付款方式、订单状态、订单明细(ISBN、书名、订购数量、定价、应收金额、图书折扣、实收金额、配送状态)和发票信息(如发票单位等)。

其中,订单号是订单的唯一标识,并由系统按时间顺序生成。订单状态记录该订单的当前处理状态,包括"未审核""退回""已审核""已部分配送""已全部配送""已处理完毕"等状态。订单明细中的配送状态记录该图书的当前配送状态,包括"未配送""已部分配送""已全部配送""已部分送达""已全部送达"等状态。

1.4.4 配送管理数据

1. 配送公司信息

网上书店通过配送公司将图书送到会员手中,要求保存和维护配送公司信息。

配送公司信息包括公司编号、公司名称、公司地址、邮政编码、联系人、联系电话、传真、电子邮箱等。其中,公司编号是配送公司的唯一标识。

2. 配送单

配送单内容包括配送单号、对应订单号、配送日期、是否拆送、发票编号、配送状态、配送信息(收货人、送货地址、邮政编码、联系电话等)、配送明细(ISBN、书名、配送数量等)。

其中，配送单号是配送单的唯一标识，由订单号加上系统按时间顺序生成的流水号组成。配送状态用于记录该配送单的当前配送状态，包括"未发货""已发货""已送到"等状态。

3. 发票

用发票的实际发票编号唯一标识。

1.4.5　出版社管理数据

网上书店直接从出版社采购图书，要求保存和维护出版社信息。

出版社信息包括出版社编号、出版社名称、出版社地址、邮政编码、联系人、联系电话、传真、电子邮箱等。其中，出版社编号是出版社的唯一标识。

1.4.6　留言管理数据

1. 留言信息

会员可在线上发表留言或评论。留言信息包括留言人、留言日期、留言内容等。

2. 回复留言信息

书店职员可回复留言，回复留言信息包括回复人、回复日期、回复内容等。

1.5　业务规则分析

业务规则分析主要是分析数据之间的约束及数据库约束。基于以上功能需求分析和数据需求分析，通过进一步调查，网上书店管理系统的业务规则如下。

(1) 所有用户(游客、会员)均可搜索浏览图书信息，但只有会员才能提交订单；只有职员才能维护图书信息及受理订单。

(2) 会员等级分类(表 1-1)。

表 1-1　会员等级分类

序号	等级名称	等级购书额定	等级折扣
1	一级 VIP	购书总额达到 3000 元	8.5
2	二级 VIP	购书总额达到 2000 元	9
3	三级 VIP	购书总额达到 1000 元	9.5

会员提交的订单完成后，系统自动更新该会员的累计购书总额，并根据累计购书总额自动更新会员的等级。

(3) 每次办理入库手续后，系统自动更新该入库单所对应的采购单的入库状态值。当一个采购单中所有图书都办理入库后，系统自动更新该采购单的入库状态为"已全部入库"。

(4) 系统需记录每种图书的当前库存数量，图书入库时系统自动增加库存数量，图书出库时系统自动减少库存数量，当某图书的库存数量低于某一阈值时，则通知该图书补货。

(5) 订单受理前会员可删除所选图书，修改购书数量、配送信息和发票信息，甚至取消订单。但是订单审核通过后，则不允许再做任何修改。

(6) 职员受理订单时，如发现订单及配送单信息填写不正确，则退回客户重新填写。

(7) 同一订单可订购多种图书，且每种图书的订购数量可以不同。每种图书的应收金额、实收金额由系统自动计算完成，计算公式为：

应收金额=订购数量×定价

实收金额=应收金额×图书折扣×会员折扣

(8) 每个订单可分为多个配送单进行配送，配送明细信息由会员设置。如果一个配送单中的所有图书不是同时有货，会员还需说明是否自动拆送。会员提交配送方案后，系统自动检查该配送方案是否正确(即一个订单所对应的多个配送单，是否将该订单订购的所有图书全部安排了配送)。

(9) 一张订单的每一个配送单对应开一张发票，但一张订单的所有发票信息都应相同。

(10) 配送单中的图书采取先到先发货的原则进行配送。若一个配送单中的所有图书均有库存，则生成该配送单的发票，更新库存数量，安排配送。若一个配送单中的所有图书未同时有货(通知尽快进货)，且会员选择可以拆送，则系统自动拆分成不同的配送单发货。

(11) 一个配送单只能由一个配送公司进行配送(不同配送单可以由不同配送公司配送)；一个配送公司可以承接多次配送业务。

(12) 需要根据配送单的配送进展情况及时更新配送单的配送状态值。每一次更新配送单的配送状态后，自动更新该配送单所对应的订单明细中相关图书的配送状态值。每一次更新订单明细的配送状态后，自动更新该订单明细所对应的订单中的订单状态值。

(13) 一种图书由一个出版社出版，而一个出版社可出版多种图书。

(14) 一个会员可发表多条留言，一个职员可回复多条留言，但假设一条会员发布的留言至多只回复一次。

第 2 章　概念结构设计

2.1　确定实体集及属性

数据库概念结构设计的目标就是要产生反映企业组织信息需求的数据库概念结构，即概念模型。概念模型独立于数据库的逻辑结构，独立于支持数据库的DBMS，不依赖于计算机系统。

概念模型有多种，其中最常用的是"实体-联系模型"(entity-relationship model)，即使用 E-R 图来描述某一组织的概念模型。通常先采用自下而上的方法抽象出各子模块的 E-R 图，再通过合并的方法将各子系统实体、属性、联系进行统一，最终形成全局 E-R 图。

2.1.1 确定实体集

实体集是具有相同类型及相同性质(属性)的实体集合。通常，一个实体对应一个客观存在的事物，多为名词。

由前面的数据需求分析可知，网上书店管理系统中出现的"名词"主要有会员、职员、图书、出版社、配送公司、订单、配送单、采购单、入库单、购物车、留言和发票等，接下来确定这些"名词"是否都能确定为基本实体集。

(1) 会员、职员、图书、出版社、配送公司、留言等都是客观存在的人和物，且都具有一组属性且部分属性能唯一标识每个实体，而且它们还需存储在数据库中供查询使用，因此可建模为基本实体集。

(2) 伴随着业务发生而形成的订单、配送单、采购单、入库单等，可建模为依赖实体集或弱实体集。

(3) 购物车用于临时存放购书信息，订单成功提交后，购物车中的信息将全部存放到订单中去，因此本系统不保留购物车信息，故不必建模为一个实体集。

(4) 发票是提供给会员的购书凭证，每张发票都有唯一的发票编号。由于发票并没有太多的属性需要存储，故不必建模为一个实体集。

2.1.2 确定基本实体集属性和主码

确定属性的总原则是，只需将那些与应用相关的特征建模为实体集的属性。确定属性后，还需确定实体集的主码，即能唯一标识各个实体的属性或属性集。

根据以上原则，各基本实体集的属性可定义如下。

1. 职员(Employee)实体集

属性包括：职员编号(employeeNo)、登录密码(empPassword)、姓名(empName)、性别(sex)、出生日期(birthday)、部门(department)、职务(title)、薪水(salary)、住址(address)、电话(telephone)、邮箱(email)等。其中，主码为职员编号(employeeNo)。

2. 会员(Member)实体集

属性包括：会员编号(memberNo)、登录密码(memPassword)、姓名(memName)、性别(sex)、出生日期(birthday)、电话(telephone)、邮箱(email)、地址(address)、邮政编码(zipCode)、单位(unit)、购书总额(totalAmount)、会员等级(memLevel)、等级购书额定(levelSum)、会员折扣(memDiscount)等。

其中，主码为会员编号(memberNo)。购书总额(totalAmount)是派生属性，可从订单实体集中统计得到。

3. 图书(Book)实体集

属性包括：书号(ISBN)、书名(bookTitle)、作者(author)、出版日期(publishDate)、版次(version)、类别(category)、库存数量(stockNumber)、定价(price)、图书折扣(bookDiscount)、内容简介(introduction)、目录(catalog)等。其中，主码为书号(ISBN)。

注意：图书实体集中的出版社名称为出版社实体集的相关属性，应通过联系集来解决。

4. 出版社(Press)实体集

属性包括：出版社编号(pressNo)、出版社名称(pressTitle)、出版社地址(address)、邮政编码(zipCode)、联系人(contactPerson)、联系电话(telephone)、传真(fax)、邮箱(email)等。其中，主码为出版社编号(pressNo)。

5. 配送公司(Company) 实体集

属性包括：公司编号(companyNo)、公司名称(companyTitle)、公司地址(address)、邮政编码(zipCode)、联系人(contactPerson)、联系电话(telephone)、传真(fax)、邮箱(email)等。其中，主码为公司编号(companyNo)。

6. 留言(Message)实体集

属性包括：留言编号(messageNo)、留言日期(messageDate)、留言内容(messageContent)、回复日期(replyDate)、回复内容(replyContent)等。其中，主码为留言编号(messageNo)。

注意：留言实体集中的留言人和回复人等信息要通过会员与留言、职员与留言之间的联系集来解决。

2.1.3 确定弱实体集属性和主码

1. 订单(OrderSheet)实体集

订单生成涉及会员、图书等基本实体集，并会伴随着生成订单和订单明细。根据业务需求分析可知，伴随着"订购"业务而形成的订单，需要单独建模为弱实体集，属性包括：订单号(orderNo)、订购日期(orderDate)、应收总金额(tolRecAmt)、实收总金额(tolPaidAmt)、会员折扣(menDiscount)、付款方式(payWay)、是否付款(paidFlag)、订单状态(orderState)、发票信息(invoiceInfo)等。

其中，主码为订单号(orderNo)。应收总金额、实收总金额为派生属性，可通过订单明细汇总得到。会员折扣也是派生属性，它的取值来自会员实体集中对应属性的当前值。

2. 配送单(ShipSheet)实体集

伴随着配送设置会生成配送单和配送明细。由于配送单是依附于订单，因此可将配送单建模为订单的弱实体集，属性包括：配送单号(shipNO)、配送日期(shipDate)、收货人(receiver)、送货地址(shipAddress)、邮政编码(zipCode)、联系电话(shipTel)、是否拆送(separatedFlag)、发票编号(invoiceNo)、配送状态(shipState)等。

其中，配送单号(shipNO)是部分码，即主码的一部分。配送日期(shipDate)、配送状态

(shipState)应为联系的属性，都是配送公司实体集与配送单实体集之间一对多联系的联系属性。

3. 采购单(PurchaseSheet)实体集

图书采购涉及职员(采购员)、出版社、图书等基本实体集，并伴随着生成采购单和采购明细。根据业务需求分析可知，伴随着"采购"业务而形成的采购单，需要单独建模为弱实体集，属性包括：采购单号(purNo)、采购日期(purDate)、采购总金额(purAmount)、是否入库(storedFlag)等。其中，主码为采购单号(purNo)。

注意：采购总金额为派生属性，可通过图书采购(即采购明细)联系集汇总得到。

4. 入库单(StoreSheet)实体集

图书采购到货后需要办理图书入库手续。由于入库单是依附于采购单的，因此将入库单建模为采购单的弱实体集，属性包括：入库单号(storeNo)、入库日期(storeDate)等。其中，入库单号(storeNo)是部分码，即主码的一部分。

2.2　确定联系集及属性

通常，联系对应的概念是一种动作，即描述实体间的一种行为。因此，当发现两个或多个实体之间的某种行为需要记录时，可以建模为一个联系集。同实体集一样，联系集也可以有自己的描述属性。

基于前面设计得到的实体集，可以确定以下联系集及属性。

2.2.1　订单生成与审核

1. 订单、图书实体集之间的联系

订单实体集与图书实体集之间存在多对多的图书订购(OrderBook)联系集，联系属性包括：订购数量(quantity)、定价(price)、应收金额(receiveAmt)、图书折扣(bookDiscount)、实收金额(paidAmt)、配送状态(shipState)等。

其中，应收金额(receiveAmt)、实收金额(paidAmt)为派生属性，可通过订购数量、定价、会员折扣、图书折扣等属性计算得到。定价、图书折扣也是派生属性，它们的值分别取自图书实体集中该图书对应属性的当前值。订单、图书实体集之间的联系，如图 2-1 所示。

图 2-1　订单、图书实体集之间的联系

2. 会员、职员、订单实体集之间的联系

(1) 会员实体集与订单实体集之间存在一对多的订购(order)联系集，没有联系属性。

(2) 职员实体集与订单实体集之间存在一对多的审核(check)联系集，没有联系属性。

综上可知，会员、职员、订单三个实体集之间的联系，如图 2-2 所示。说明：为了不使 E-R 图过于复杂，并未将实体集、联系集的所有属性在图中画出来。

图 2-2　会员、职员、订单实体集之间的联系

2.2.2　配送设置与图书配送

1. 订单、配送单、图书实体集之间的联系

(1) 订单实体集与配送单弱实体集之间存在一对多的包含联系集，没有联系属性。

(2) 配送单弱实体集与图书实体集之间存在多对多的图书配送(即配送明细)联系集，联系属性有配送数量。

综上可知，订单、配送单、图书三个实体集之间的联系，如图 2-3 所示。

图 2-3　订单、配送单、图书实体集之间的联系

2. 职员、配送单、配送公司实体集之间的联系

(1) 在会员设置的配送单基础上，由职员根据库存情况进行调整和确认，并分派给配送公司进行配送。因此，在职员实体集与配送单弱实体集之间存在一对多的分派联系集，没有联系属性。

(2) 在配送公司实体集与配送单弱实体集之间存在一对多的配送联系集，联系属性有配送日期、配送状态。

综上可知，职员、配送单、配送公司三个实体集之间的联系，如图 2-4 所示。

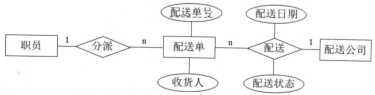

图 2-4　职员、配送单、配送公司实体集之间的联系

2.2.3　图书采购与图书入库

1. 采购单、图书实体集之间的联系

采购单实体集与图书实体集之间存在多对多的图书采购联系集，联系属性有采购数量、采购单价、采购金额等，其中采购金额为派生属性。采购单、图书实体集之间的联系，如图 2-5 所示。

图 2-5　采购单、图书实体集之间的联系

2. 职员、采购单、出版社实体集之间的联系

(1) 职员实体集与采购单实体集之间存在一对多的采购联系集，没有联系属性。

(2) 出版社实体集与采购单实体集之间存在一对多的供应联系集，没有联系属性。

综上可知，职员、采购单、出版社三个实体集之间的联系，如图 2-6 所示。

图 2-6　职员、采购单、出版社实体集之间的联系

3. 采购单、入库单实体集之间的联系

采购单实体集与入库单弱实体集之间存在一对多的拥有联系集，如图 2-7 所示。

图 2-7　采购单、入库单实体集之间的联系

4. 职员、入库单、图书实体集之间的联系

图书入库会涉及到职员(采购员和仓库保管员)、图书等基本实体集。

(1) 职员(采购员)实体集与入库单弱实体集之间存在一对多的入库联系集。

(2) 职员(仓库保管员)实体集与入库单弱实体集之间存在一对多的验收联系集。

(3) 入库单弱实体集与图书实体集之间存在多对多的图书入库联系集，联系属性有入库数量。

综上可知，职员、入库单、图书三个实体集之间的联系，如图 2-8 所示。

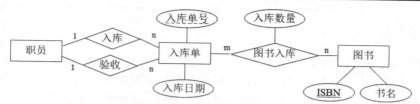

图 2-8 职员、入库单、图书实体集之间的联系

2.2.4 留言发布与回复

(1) 会员实体集与留言实体集之间存在一对多的发布联系集，联系属性有留言日期、留言内容。

(2) 职员实体集与留言实体集之间存在一对多的回复联系集，联系属性有回复日期、回复内容。

综上可知，会员、留言、职员三个实体集之间的联系，如图 2-9 所示。

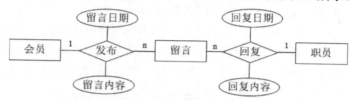

图 2-9 会员、留言、职员实体集之间的联系

2.3 绘制局部 E-R 图

2.3.1 订单生成与审核局部 E-R 图

合并实体联系图 2-1、图 2-2 即可得订单生成与审核局部 E-R 图，如图 2-10 所示。

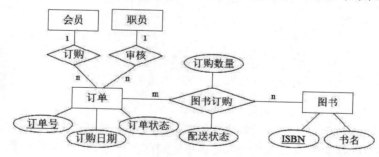

图 2-10 订单生成与审核局部 E-R 图

2.3.2 配送设置与图书配送局部 E-R 图

1. 合并

合并实体联系图 2-3、图 2-4 即可得配送设置与图书配送局部 E-R 图，如图 2-11 所示。

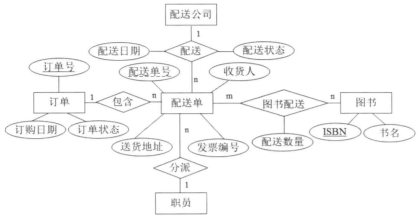

图 2-11　配送设置与图书配送局部 E-R 图

2. 调整

图书配送联系集反映的是配送明细信息，即一个配送单需要配送哪些图书？每一种图书的配送数量是多少？为了"核对"一个订单所订购的所有图书是否已经配送完毕，需在图书配送联系集与图书订购联系集之间进行"配送核对"，它是多对一的汇总核对。

为解决"配送核对"问题，可在图书订购联系集(图 2-10)中，增加一个派生属性已配送数量，它可在图书配送联系集(图 2-11)中按订单号、图书编号汇总得到。调整后的订单生成与订单审核局部 E-R 图，如图 2-12 所示。

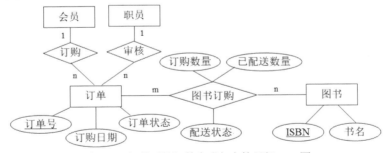

图 2-12　调整后的订单生成与审核局部 E-R 图

如果图书订购联系集的已配送数量与订购数量的值相同，则可以将该图书订购联系集的配送状态设置为"已全部配送"；如果同一个订单的所有图书订购联系集的配送状态都为"已全部配送"，则可以将该订单的订单状态设置为"已全部配送"；如果一个订单的配送单的配送状态都为"已送达"，则可以将该订单的订单状态设置为"已处理结束"。

2.3.3 图书采购局部 E-R 图

1. 合并

合并实体联系图 2-5、图 2-6 即可得图书采购局部 E-R 图,如图 2-13 所示。

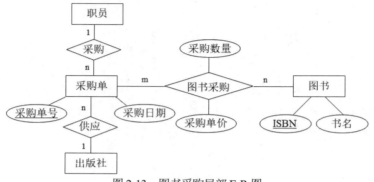

图 2-13 图书采购局部 E-R 图

2. 调整

图书采购联系集反映的是采购明细,即一个采购单采购了哪些图书?每一种图书的采购数量、单价分别是多少?显然在一个采购单的采购明细中,每一种图书只能出现一次。假设同一种图书允许在一个采购单的采购明细中出现多次(不同价格采购的同一种图书,在采购明细中作为不同的联系出现),即图书采购是多值联系,则可以将图书采购联系集建模为采购明细弱实体集,属性有序号(serialNo)、采购数量(purQuantity)、采购单价(purPrice)等,序号(serialNo)为部分码,它依赖于采购单实体集而存在。这样在一个采购单中可以方便地表示同一种图书以不同价格采购的情况。调整后的图书采购局部 E-R 图,如图 2-14 所示。

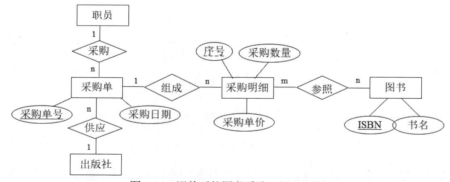

图 2-14 调整后的图书采购局部 E-R 图

2.3.4 图书入库局部 E-R 图

1. 合并

合并实体联系图 2-7、图 2-8 即可得图书入库局部 E-R 图,如图 2-15 所示。

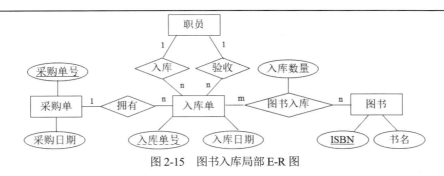

图 2-15　图书入库局部 E-R 图

2. 调整

一个采购单采购的图书可能分多次到货入库，因此，在图书入库联系集与采购明细弱实体集之间需要进行"入库核对"。一方面，一笔采购明细可能分多次入库；另一方面，虽然一笔图书入库只能来自于一个采购单的采购明细，但由于在一个采购单中同一种图书可能在采购明细中出现多次，导致在图书入库中同一种图书的多个采购明细可能需合并入库。因此图书入库联系集与采购明细弱实体集之间的"入库核对"是多对多的。

"入库核对"的方法：首先对采购明细弱实体集按采购单号、图书编号汇总采购数量；然后对图书入库联系集按采购单号、图书编号汇总入库数量，如果一个入库单中所有图书的汇总采购数量都等于汇总入库数量，则表示该采购单已入库完毕。

"入库核对"的核对信息并不需要永久存储，只是作为对账用，待对账结束后就可以删除。因此，可在采购单实体集中增加一个是否入库属性。如果同一个采购单中每一种图书都已入库，则可将采购单实体集中对应实体的是否入库置为"Y"。调整后的图书入库局部 E-R 图，如图 2-16 所示。

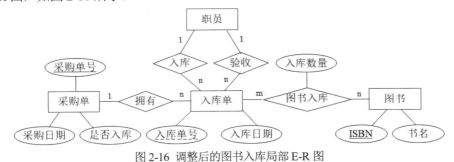

图 2-16　调整后的图书入库局部 E-R 图

2.4　绘制全局 E-R 图

2.4.1　初步 E-R 图

对订单生成与审核局部 E-R 图(图 2-12)、配送设置与图书配送局部 E-R 图(图 2-11)、图书采购局部 E-R 图(图 2-14)、图书入库局部 E-R 图(图 2-16)、留言发布与回复局部 E-R

图(图 2-19)进行合并,即可得到网上书店管理系统的初步 E-R 图,如图 2-17 所示。

注意:图中省略了实体集的属性。

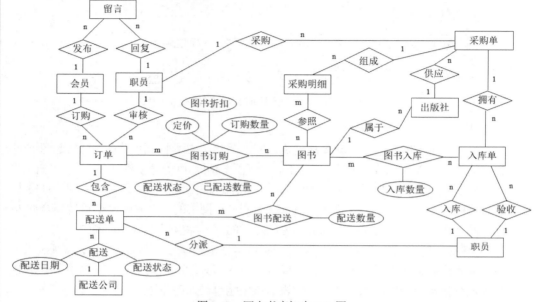

图 2-17 网上书店初步 E-R 图

2.4.2 基本 E-R 图

经检查,初步 E-R 图(图 2-16)已基本包含了全部需求信息。但是,仍然存在一些问题。

1. 数据冗余

会员等级、等级购书额定、会员折扣等信息在每个会员中都冗余存储。将它独立出来,单独建立会员等级(MemClass)实体集,属性包括:会员等级(memLevel)、等级购书额定(levelSum)、会员折扣(memDiscount)等。会员等级与会员实体集之间存在一对多的引用(Citation)联系集,如图 2-18 所示。

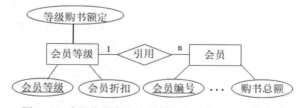

图 2-18 会员实体集与会员等级实体集之间的联系图

2. 业务规则脱离现实需求

例如,对于留言的发布与回复,现规定的业务规则为:

(1) 一会员可发布多条留言,且一留言只能由一会员发布。

(2) 一留言由某职员至多回复一次,但一职员可以回复多条留言。

显然，该业务规则不能较好地满足现实需求。可考虑将留言发布与回复业务的业务规则修改为：

(1) 一会员可发布多条留言，且一留言只能由一会员发布。

(2) 对于一条留言(即一个主题)，一职员可以回复多次，也可以多个职员进行回复。

(3) 其他会员也可对某会员的一条留言进行多次回复，包括会员本人也可对自己已经发布的一条留言进行回复。

分析该业务规则可知：会员(Member)实体集与留言(Message)实体集之间的一对多发布(Release)联系集的语义并没有变化；对于回复业务，不仅留言实体集分别与职员、会员实体集之间存在多对多的回复联系，而且这种回复联系是多值联系，因为一个职员或会员可以对同一条留言进行多次回复。

由于"回复"业务依赖于留言实体集，且一个留言允许有多个回复，因此，可考虑如下的回复业务建模方案：

(1) 建立一个留言实体集的留言回复(MessageReply)弱实体集，属性有回复编号(replyNo)，为部分码，标识联系集是指向(Direct)；

(2) 在职员实体集与留言回复弱实体集之间存在一对多的回复 1 (Reply1)联系集，在会员实体集与留言回复弱实体集之间存在一对多的回复 2(Reply2)联系集，联系属性均为回复日期(replyDate)、回复内容(replyContent)。

改进后的"留言"和"回复"业务的局部 E-R 图，如图 2-19 所示。

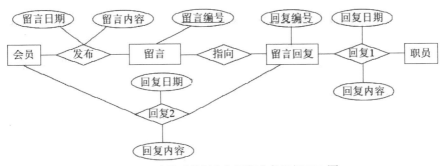

图 2-19　改进后的留言和回复业务局部 E-R 图

综合上述分析，最后可得到改进后的全局 E-R 图，如图 2-20 所示。

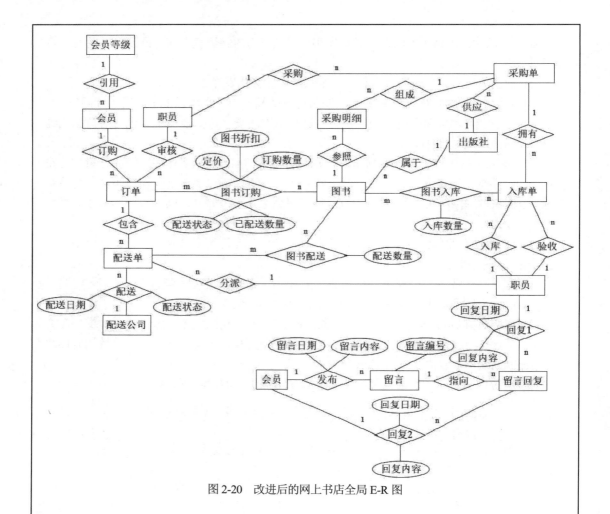

图 2-20　改进后的网上书店全局 E-R 图

第 3 章　逻辑结构设计

3.1　E-R 模型转换为关系模型的方法

逻辑结构设计的任务就是把概念结构设计阶段设计好的全局 E-R 图转换为与选用的 DBMS 产品所支持的数据模型相符合的逻辑结构。E-R 图向关系模型的转换要解决的问题是,如何将实体型和实体之间的联系转换为关系模式,如何确定这些关系模式的属性和码。

E-R 图转换为关系模型实际上是将实体型、实体的属性和实体之间的联系转换为关系模式,转换原则如下。

(1) 一个实体型转换为一个关系模式,关系的属性就是实体的属性,关系的码就是实体的码。

(2) 对于实体型间的联系则根据不同的情况进行转换。

① 一个 1:1 联系可以转换为一个独立的关系模式，也可以与任意一端对应的关系模式合并。

② 一个 1:n 联系可以转换为一个独立关系模式，也可以与 N 端对应的关系模式合并。

③ 一个 m:n 联系转换为一个关系模式。

④ 三个或三个以上实体间的一个多元联系可以转换为一个关系模式。

⑤ 具有相同码的关系模式可合并。

3.2　设计数据库模式

设计出全局 E-R 图后，可根据前面所给出的原则将全局 E-R 图转换为数据库模式。通常是每个实体集(包括强和弱实体集)都对应一个关系表，而联系集则应根据映射基数决定具体转换方式。图 2-20 所示的全局 E-R 图可转为如下数据库模式，其中主码属性加下划线、外码属性加斜体以示区分。

(1) 职员(Employee)表：由职员(Employee)实体集转化而来。

职员(<u>职员编号</u>，登录密码，姓名，性别，出生日期，部门，职务，薪水，住址，电话，电子邮箱)

(2) 会员(Member)表：由会员(Member)实体集和一对多的引用联系集共同转化而来。

会员(<u>会员编号</u>，登录密码，姓名，性别，出生日期，电话，电子邮箱，住址，邮政编码，单位，购书总额，*会员等级*)

(3) 会员等级(MemClass)表：由会员等级(MemClass)实体集转化而来。

会员等级(<u>会员等级</u>，等级购书额定，会员折扣)

(4) 图书(Book)表：由图书(Book)实体集和一对多的属于(Belong)联系集共同转化而来。

图书(<u>书号</u>，书名，作者，出版日期，版次，类别，库存数量，定价，图书折扣，内容简介，目录，*出版社编号*)

(5) 出版社(Press)表：由出版社(Press)实体集转化而来。

出版社(<u>出版社编号</u>，出版社名称，出版社地址，邮政编码，联系人，联系电话，传真，电子邮箱)

(6) 配送公司(Company)表：由配送公司(Company)实体集转化而来。

配送公司(<u>公司编号</u>，公司名称，公司地址，邮政编码，联系人，联系电话，传真，电子邮箱)

(7) 留言(Message)表：由留言(Message)实体集和发布(Release)联系集共同转化而来。

留言(<u>留言编号</u>，留言日期，*发布会员编号*)

(8) 留言回复(MessageReply)表：由留言回复(MessageReply)弱实体集和一对多的联系

集指向(Direct)以及一对多的联系集回复 1(Reply1)、回复 2(Reply2)共同转化而来。

留言回复(*留言编号，回复编号，回复职员编号，回复会员编号*，回复日期，回复内容)

(9) 订单(OrderSheet)表：由订单(OrderSheet)实体集以及一对多的订购(Order)、审核(Check)联系集转化而来。

订单(*订单编号，会员编号，职员编号*，订购日期，应收总金额，实收总金额，会员折扣，付款方式，是否付款，订单状态，发票单位)

(10) 订单明细(OrderBook)表：由图书订购(OrderBook)多对多联系集转化而来。

订单明细(*订单编号，图书编号*，订购数量，定价，图书折扣，已配送数量，配送状态)

(11) 配送单(ShipSheet)表：由配送单(ShipSheet)弱实体集和一对多的包含(Include)联系集以及一对多的联系集分派(Assign)、配送(Ship)转化而来。

配送单(*订单号，配送单号*，收货人，送货地址，邮政编码，联系电话，是否拆送，发票编号，配送日期，配送状态，*配送公司编号，职员编号*)

(12) 配送明细(ShipBook)表：由图书配送(ShipBook)多对多联系集转化而来。

配送明细(*订单号，配送单号，图书编号*，配送数量)

(13) 采购单(PurchaseSheet)表：由采购单(PurchaseSheet)实体集以及一对多的采购(Purchase)、供应(Supply)联系集转化而来。

采购单(*采购单号*，采购日期，采购总金额，是否入库，*职员编号，出版社编号*)

(14) 采购明细(PurchaseBook)表：由采购明细(PurchaseBook)弱实体集和一对多的组成(Compose)联系集以及一对多的参照(Reference) 联系集转化而来。

采购明细(*采购单号，序号，图书编号*，采购数量，采购单价，已入库数量)

(15) 入库单(StoreSheet)表：由入库单(StoreSheet)弱实体集和一对多的拥有(Hold)联系集以及一对多的入库(Store)、验收(Accept) 联系集转化而来。

入库单(*采购单号，入库单号*，入库日期，*入库职员编号，验收职员编号*)

(16) 入库明细(StoreBook)表：由图书入库(StoreBook)多对多联系集转化而来。

入库明细(*采购单号，入库单号，图书编号*，入库数量)

3.3　数据库模式求精

通常，如果能仔细分析用户需求，并正确识别出所有的实体集和联系集，由 E-R 图生成的数据库模式往往不需要太多的进一步模式求精。然而，如果一个实体集中的属性之间存在函数依赖，则需要根据函数依赖理论将其规范化。

如果直接根据会员(Member)实体集转化得到一个关系模式，则该关系模式中存在一个对非主属性的函数依赖：memLevel→{levelSum, memDiscount}，由此导致数据冗余，即每一个相同等级会员都需要存放 levelSum 和 memDiscount。因此，该关系模式不满足 BCNF，需要对其进行规范化。

据范式理论，该关系模式可分解为以下两个关系模式：

（1）Member (memberNo, memPassword, memName, sex, birthday, telephone, email, address，zipCode, totalAmount, memLevel)。

（2）MemClass (memLevel, levelSum, memDiscount)。

这就是会员和会员等级关系模式。可以验证，它们都满足 BCNF 要求。

第 4 章　数据库实施

4.1　定义数据库对象

4.1.1　定义数据库

1. 使用的数据库管理系统

网上书店管理系统后台数据库管理系统使用 Microsoft SQL Server 2019，并使用 Transact-SQL 语句 CREATE DABABASE 创建数据库。

2. 数据库参数

① 数据库名称：BookStore_DB。

② 数据文件：逻辑名称 BookStore_Data，物理名称 BookStore_Data.mdf，存放路径 E:\BookStore，其他参数按默认值。

③ 事务日志文件：逻辑名称为 BookStore_Log，物理名称为 BookStore _Log.ldf，存放路径 E:\BookStore，其他参数按默认值。

3. 创建数据库的 Transact-SQL 语句

```
CREATE DATABASE BookStore_DB
ON
( NAME=BookStore_Data,
FILENAME='E:\ BookStore \ BookStore _Data.mdf '
)
LOG ON
( NAME= BookStore _Log,
FILENAME='E:\ BookStore \ BookStore _Log.ldf '
);
```

4.1.2 定义数据表

1. 定义数据表结构

通常建立数据表之前，需要先定义数据表的结构。数据表的结构一般包括表名、属性名、数据类型、长度和完整性约束条件。

逻辑结构设计得到的 16 个关系模式对应的表结构分别如表 4-1～表 4-16 所示。

表 4-1　职员(Employee)表结构

属性名称	数据类型及长度	是否为空	是否为主码	是否为外码	其他约束	属性描述
employeeNo	char(10)	N	Y			职员编号
empPassword	char(10)	N			长度不能少于 6 位	登录密码
empName	varchar(20)	N				姓名
sex	char(2)	N			只能取值"男"或"女"	性别
birthday	datetime					出生日期
department	varchar(30)	N				部门
title	varchar(20)	N				职务
salary	numeric	N				薪水
address	varchar(40)					住址
telephone	varchar(15)	N				电话
email	varchar(20)					电子邮箱

表 4-2　会员等级(MemClass)表结构

属性名称	数据类型及长度	是否为空	是否为主码	是否为外码	其他约束	属性描述
memLevel	char(1)	N	Y			会员等级
levelSum	numeric	N				等级购书额定
memDiscount	float	N				会员折扣

表 4-3　会员(Member)表结构

属性名称	数据类型及长度	是否为空	是否为主码	是否为外码	其他约束	属性描述
memberNo	char(10)	N	Y			会员编号
memPassword	char(10)	N			长度不能少于 6 位	登录密码
memName	varchar(20)	N				姓名
sex	char(2)				只能取值"男"或"女"	性别
birthday	datetime					出生日期
telephone	varchar(15)	N				电话

· 23 ·

续表

属性名称	数据类型及长度	是否为空	是否为主码	是否为外码	其他约束	属性描述
email	varchar(20)					电子邮箱
address	varchar(40)					住址
zipCode	char(6)					邮政编码
unit	varchar(20)					单位
totalAmount	numeric	N			从订单表中统计得到	购书总额
memLevel	char(1)	N		Y	参照会员等级表	会员等级

表 4-4　出版社(Press)表结构

属性名称	数据类型及长度	是否为空	是否为主码	是否为外码	其他约束	属性描述
pressNo	char(12)	N	Y			出版社编号
pressTitle	varchar(20)	N				出版社名称
address	varchar(40)					出版社地址
zipCode	char(6)					邮政编码
contactPerson	varchar(12)	N				联系人
telephone	varchar(15)	N				联系电话
fax	varchar(15)					传真
email	varchar(20)					电子邮箱

表 4-5　图书(Book)表结构

属性名称	数据类型及长度	是否为空	是否为主码	是否为外码	其他约束	属性描述
ISBN	char(17)	N	Y			书号
bookTitle	varchar(30)	N				书名
author	varchar(40)	N				作者
publishDate	datetime	N				出版日期
version	int	N				版次
category	varchar(20)	N				类别
stockNumber	int	N				库存数量
price	numeric	N				定价
bookDiscount	float	N				图书折扣
introduction	varchar(500)					内容简介
catalog	varchar(500)					目录
pressNo	char(12)	N		Y	参照出版社表	出版社编号

表4-6　配送公司(Company)表结构

属性名称	数据类型及长度	是否为空	是否为主码	是否为外码	其他约束	属性描述
companyNo	char(12)	N	Y			公司编号
companyTitle	varchar(20)	N				公司名称
address	varchar(40)					公司地址
zipCode	char(6)					邮政编码
contactPerson	varchar(12)	N				联系人
telephone	varchar(15)	N				联系电话
fax	varchar(20)					传真
email	varchar(20)					电子邮箱

表4-7　留言(Message)表结构

属性名称	数据类型及长度	是否为空	是否为主码	是否为外码	其他约束	属性描述
messageNo	char(10)	N	Y			留言编号
memberNo	char(10)	N		Y	参照会员表	发布会员编号
releaseDate	datetime	N				留言日期

表4-8　留言回复(MessageReply)表结构

属性名称	数据类型及长度	是否为空	是否为主码	是否为外码	其他约束	属性描述
messageNo	char(10)	N	Y	Y	参照留言表	留言编号
replyNo	char(4)	N				回复编号
employeeNo	char(10)	N		Y	参照职员表	回复职员编号
memberNo	char(10)	N		Y	参照会员表	回复会员编号
replyDate	datetime	N				回复日期
replyContent	varchar(100)	N				回复内容

表4-9　订单(OrderSheet)表结构

属性名称	数据类型及长度	是否为空	是否为主码	是否为外码	其他约束	属性描述
orderNo	char(15)	N	Y			订单编号
memberNo	char(10)	N		Y	参照会员表	会员编号
employeeNo	char(10)	N		Y	参照职员表	职员编号
orderDate	datetime	N				订购日期

属性名称	数据类型及长度	是否为空	是否为主码	是否为外码	其他约束	属性描述
amountReceivable	numeric	N				应收总金额
paidAmount	numeric	N				实收总金额
memDiscount	float	N				会员折扣
payWay	char(1)	N				付款方式
paidFlag	char(1)	N				是否付款
orderState	char(1)	N				订单状态
invoiceUnit	varchar(40)					发票单位

表 4-10　订单明细(OrderBook)表结构

属性名称	数据类型及长度	是否为空	是否为主码	是否为外码	其他约束	属性描述
orderNo	char(15)	N	Y	Y	参照订单表	订单编号
ISBN	char(17)	N		Y	参照图书表	图书编号
quantity	int	N				订购数量
price	numeric	N				定价
bookDiscount	float	N				图书折扣
shippedQuantity	int	N				已配送数量
shipState	char(1)	N				配送状态

表 4-11　配送单(ShipSheet)表结构

属性名称	数据类型及长度	是否为空	是否为主码	是否为外码	其他约束	属性描述
orderNo	char(15)	N	Y	Y	参照订单表	订单编号
shipNo	char(4)	N				配送单号
receiver	varchar(20)	N				收货人
shipAddress	varchar(40)	N				送货地址
zipCode	char(6)					邮政编码
shipTel	varchar(15)	N				联系电话
separatedFlag	char(1)	N				是否拆送
invoiceNo	varchar(20)	N				发票编号
shipDate	datetime	N				配送日期
shipState	char(1)	N				配送状态
companyNo	char(12)	N		Y	参照配送公司表	配送公司编号
employeeNo	char(10)	N		Y	参照职员表	职员编号

表 4-12　配送明细(ShipBookt)表结构

属性名称	数据类型及长度	是否为空	是否为主码	是否为外码	其他约束	属性描述
orderNo	char(15)	N		Y	参照订单表	订单号
shipNo	char(4)	N	Y	Y	参照配送单表	配送单号
ISBN	char(17)	N		Y	参照图书表	图书编号
shipQuantity	int	N				配送数量

表 4-13　采购单(PurchaseSheet)表结构

属性名称	数据类型及长度	是否为空	是否为主码	是否为外码	其他约束	属性描述
purchaseNo	char(15)	N	Y			采购单号
purDate	datetime	N				采购日期
purAmount	numeric	N				采购总金额
storedFlag	char(1)	N				是否入库
employeeNo	char(10)	N		Y		职员编号
pressNo	char(12)	N		Y		出版社编号

表 4-14　采购明细(PurchaseBook)表结构

属性名称	数据类型及长度	是否为空	是否为主码	是否为外码	其他约束	属性描述
purchaseNo	char(15)	N		Y	参照采购单表	采购单号
serialNo	char(4)	N	Y			序号
ISBN	char(17)	N		Y	参照图书表	图书编号
purQuantity	int	N				采购数量
purPrice	numeric	N		Y		采购单价
storedQuantity	int	N		Y		已入库数量

表 4-15　入库单(StoreSheet)表结构

属性名称	数据类型及长度	是否为空	是否为主码	是否为外码	其他约束	属性描述
purchaseNo	char(15)	N	Y	Y	参照采购单表	采购单号
storeNo	char(4)	N				入库单号
storeDate	datetime	N				入库日期
sEmployeeNo	char(10)	N		Y	参照职员表	入库职员编号
aEmployeeNo	char(10)	N		Y	参照职员表	验收职员编号

表 4-16　入库明细(StoreBook)表结构

属性名称	数据类型及长度	是否为空	是否为主码	是否为外码	其他约束	属性描述
purchaseNo	char(15)	N		Y	参照采购单表	采购单号
storeNo	char(4)	N	Y	Y	参照入库单表	入库单号
ISBN	char(17)	N		Y	参照图书表	图书编号
quantity	int	N				入库数量

2. 用 Transact-SQL 语句创建表

数据表的结构定义完毕后,可用 Transact-SQL 中的 CREATE TABLE 语句完成数据表的创建。

(此部分的详细语句省略)

4.1.3　定义视图

(根据具体应用进行定义)

4.1.4　定义存储过程

(根据具体应用进行定义)

4.1.5　定义触发器

(根据具体应用进行定义)

4.2　数据操作

4.2.1　插入数据

4.2.2　修改数据

4.2.3　删除数据

(此节详细操作语句省略)

第5章　数据库验证

5.1　设计测试用例

5.2　测试结果与分析

(本章具体内容省略)

第6章　总结

(本章具体内容省略)

参 考 文 献

(此部分具体内容省略)

致　谢

(此部分具体内容省略)

第 3 部分　附　　录

附录 A
章节知识点

A.1 数据库系统概述

1. 数据库的基本概念

数据库的四个基本概念：数据、数据库、数据库管理系统、数据库系统。

数据：数据库中存储的基本对象，是描述事物的符号记录。

数据库：长期存储在计算机内、有组织、可共享的大量数据的集合。数据库中的数据按照一定的数据模型组织、描述和存储，具有较小的冗余度、较高的数据独立性和易扩展性，并可为各种用户共享。永久存储、有组织和可共享是数据库的三个基本特点。

数据库管理系统：位于用户与操作系统之间的一层数据管理软件，用于科学地组织、存储和管理数据，高效地获取和维护数据。

数据库系统：在计算机系统中引入数据库后的系统，一般由数据库、数据库管理系统(及其开发工具)、应用系统、数据库管理员构成。

2. 数据处理和数据管理

数据处理：指对各种数据进行收集、存储和加工和传播的一系列活动的总和。

数据管理：指对数据进行分类、组织、编码、存储、检索和维护。

3. 数据管理技术发展阶段

数据管理技术经历了人工管理、文件系统和数据库系统三个阶段。

4. 数据独立性

物理独立性：指用户的应用程序与数据库中数据的物理存储是相互独立的。

逻辑独立性：指用户的应用程序与数据库的逻辑结构是相互独立的。

5. 数据模型

数据模型用来抽象表示和处理现实世界中的数据和信息的工具，是对现实世界的模拟，是数据库系统的核心和基础；其组成元素有数据结构、数据操作和完整性约束。

数据模型分为概念模型、逻辑模型、物理模型。

概念模型：也称信息模型，按照用户的观点来对数据和信息建模，主要用于数据库设计。

逻辑模型：按照计算机系统的观点对数据建模，用于 DBMS 实现。

物理模型：是对数据最底层的抽象，描述数据在系统内部的表示方式和存取方法，在磁盘或磁带上的存储方式和存取方法，是面向计算机系统的。

6. 信息世界中的基本概念

实体：客观存在并可相互区别的事物。

属性：实体所具有的某一特征。

码：唯一标识实体的属性集。

域：一组具有相同数据类型的值的集合。

实体型：具有相同属性的实体必然具有的共同的特征和性质。

实体集：同一类型实体的集合称为实体集。

联系：事物内部及事物之间是有联系的。实体内部的联系通常是指组成实体的各属性之间的联系，实体之间的联系通常是指不同实体集之间的联系。实体之间的联系有一对一、一对多和多对多等类型。

7. 常用的数据模型

层次模型：层次模型是数据库系统中最早出现的数据模型，它采用树状结构来表示各类实体及实体间的联系。在数据库中，定义满足以下两个条件的基本层次联系的集合为层次模型：有且只有一个结点，没有双亲结点(根结点)；根以外的其他结点有且只有一个双亲结点。

网状模型：在数据库中，把满足以下两个条件的基本层次联系集合称为网状模型。① 允许一个以上的结点没有双亲结点；② 一个结点可以有多余一个的双亲结点。层次模型实际上是网状模型的一个特例，网状模型是比层次模型更具普遍性的结构，可以更直接地去描述现实世界。

关系模型：关系模型是建立在严格的数学概念的基础上的。从用户观点看，关系模型由一组关系组成，每个关系的数据结构是一张规范化的二维表。关系数据库系统采用关系模型作为数据的组织方式。

8. 数据模型组成要素

数据结构：关系(二维表)。

数据操作：主要包括查询、插入、删除和更新数据。这些操作必须满足关系完整性约束条件。

完整性约束包括三大类：实体完整性、参照完整性和用户定义的完整性。

- 实体完整性：用于标识实体的唯一性。检查主码的值是否唯一，检查主码的各个属性是否为空，也不可取重复值。实体完整性在创建表时用 PRIMARY KEY 短语来定义。
- 参照完整性：用于维护实体之间的引用关系。增删改时检查外码约束，即外码值必须是主码中已存在的值。在创建表时用 FOREIGN KEY 短语定义。
- 用户定义完整性：针对某一具体应用定义属性上的约束条件，即属性值限制。包括列值非空(NOT NULL)、列值唯一(UNIQUE)、检查列值是否满足一个条件表达式(CHECK 短语)三种情况。

9. 数据库系统的模式

型：是指对某一类数据的结构和属性的说明，对结构的描述和说明。

值：是型的一个具体赋值，是型的实例。

数据库模式：是对数据库中全体数据的逻辑结构(数据项的名字、类型、取值范围等)和特征(数据之间的联系以及数据有关的安全性、完整性要求)的描述。模式的一个具体值称为模式的一个实例。模式反映的是数据的结构及其联系，而实例反映的是数据库某一时刻的状态。

10. 数据库的三级模式结构(内部结构，从开发人员角度)

(1) 模式(逻辑模式)：是数据库中全体数据的逻辑结构和特征的描述，是所有用户的公共数据视图，一个数据库只有一个模式。

模式的地位：是数据库系统模式结构的中间层，与数据的物理存储细节和硬件环境无关，与具体的应用程序、开发工具及高级程序设计语言无关。

模式定义的内容：数据的逻辑结构(数据项的名字、类型、取值范围等)，数据之间的联系，数据有关的安全性、完整性要求。

(2) 外模式(子模式/用户模式)：是数据库用户能够看见和使用的局部数据的逻辑结构和特征的描述，是数据库用户的数据视图，是与某一应用有关的系统的逻辑表示。

外模式的地位：介于模式与应用之间。

模式与外模式的关系：一对多。外模式通常是模式的子集，一个数据库可以有多个外模式，反映了不同的用户的应用需求、看待数据的方式、对数据保密的要求。对模式中同一数据，在外模式中的结构、类型、长度、保密级别等都可以不同。

外模式与应用的关系：一对多。同一外模式也可以为某一用户的多个应用系统所使用。但一个应用程序只能使用一个外模式。

(3) 内模式(存储模式)：是数据物理结构和存储方式的描述，是数据在数据库内部的组织方式。一个数据库只有一个内模式。

(4) 三级模式的优点。

- 保证数据的独立性(内模式与模式分开，物理独立；外模式与模式分开，逻辑独立)。
- 简化用户窗口，有利于数据共享，还利于数据的安全保密。
- 数据存储由 DBMS 管理(用户不用考虑存取路径等细节)。

11. 数据库的二级映像功能与数据独立

数据库的二级映像：外模式/模式映像、模式/内模式映像。

(1) 外模式/模式映像(应用可扩充性)。

定义外模式(局部逻辑结构)与模式(全局逻辑结构)之间的对应关系，映像定义通常包含在各自外模式的描述中。对于每一个外模式，数据库系统都有一个外模式/模式映像。

用途：保证数据的逻辑独立性。

当模式改变时，数据库管理员修改有关的外模式/模式映像，使外模式保持不变。应用程序是依据数据的外模式编写的，从而应用程序不必修改，保证了数据与程序的逻辑独立性，简称数据的逻辑独立性。

(2) 模式/内模式映像(空间利用率，存取效率)。

模式/内模式映像是唯一的，它定义了数据全局逻辑结构与存储结构之间的对应关系。该映像定义通常包含在模式描述中。

用途：保证数据的物理独立性。

如果数据库的存储结构改变了(例如：选用了另一种存储结构)，数据库管理员修改模式/内模式映像，使模式保持不变，应用程序不受影响，保证了数据与程序的物理独立性，简称数据的物理独立性。

(3) 二级映像的优点。

- 保证了数据库外模式的稳定性。
- 从底层保证了应用程序的稳定性，除非应用需求本身发生变化，否则应用程序一般不需要修改。
- 数据与程序之间的独立性，使得数据的定义和描述可以从应用程序中分离出去。

A.2　关系数据库

1. 关系模型
由关系数据结构、关系操作集合、关系完整性约束三部分组成。

2. 关系及其概念
域：一组具有相同数据类型的值的集合。

关系：笛卡儿积的有限子集。

候选码：关系中某一属性组的值能唯一地标识一个元组，而其子集不能。

主码：若一个关系有多个候选码，则可选其一作为主码。

全码：关系模式的所有属性都是候选码。

外码：如果一个关系的一个或一组属性引用(参照)了另一个关系的主码，则称这个或这组属性为外码。

主属性：候选码的诸属性称为主属性。

非主属性：不包含在任何候选码中的属性称为非主属性。

3. 关系的类型(表的类型)
基本表(基本关系、基表)：实际存在的表，是实际存储数据的逻辑表示。

查询表：查询结果对应的表。

视图表：由基本表或其他视图表导出的表，是虚表，不对应实际存储的数据。

4. 关系的性质
列是同质的；不同的列可以出自相同的域；列的顺序无所谓；行的顺序无所谓；任意两个元组的候选码不能相同；分量必须是原子的。

5. 关系模式
简单地说，关系模式就是对关系的型的定义，包括关系的属性构成、各属性的数据类型、属性间的依赖、元组语义及完整性约束等。

关系模式是型，是静态的、稳定的。关系是关系模式在某一时刻的状态或内容，是值，是动态的、随时间不断变化的，因为关系操作在不断地更新着数据库中的数据。

关系模式可以形式化地表示为 R(U,D,DOM,F)。

6. 关系数据库
依照关系模型建立的数据库称为关系数据库。它是在某个应用领域的所有关系的集合。

关系数据库也有型和值之分。关系数据库的型也称关系数据库模式，是对关系数据库的描述。关系数据库的值是这些关系模式在某一时刻对应的关系的集合，通常称为关系数据库。

7. 关系的完整性约束
完整性约束包括以下三类。

- 实体完整性：若属性(指一个或一组属性)A 是基本关系 R 的主属性，A 不能取空值。检查主码的各个属性不能为空且唯一，在创建表时用 PRIMARY KEY 短语定义。
- 参照完整性：若属性(或属性组)F 是基本关系 R 的外码，它与基本关系 S 的主码 K 相对应(基本关系 R 和 S 不一定是不同的关系)，则对于 R 中每个元组在 F 上的值必须如下。或者取空值(F 的每个属性值均为空值)；或者等于 S 中某个元组的主码值。检查增、删、改时的外码约束，在创建表时用 FOREIGN KEY 短语定义。
- 用户定义的完整性：应用领域需要遵循的约束条件，体现具体领域中的语义约束。包括列值非空(NOT NULL)、列值唯一(UNIQUE)、检查列值是否满足一个条件表达式(CHECK 短语)三种情况。

实体完整性和参照完整性是关系模型必须满足的完整性约束条件,称为关系的两个不变性，应该由关系系统自动支持。

8. 关系操作

常用的关系操作包括查询、插入、删除、修改，查询是最主要的操作。

(1) 查询操作可分为选择、投影、连接、除、并、差、交、笛卡儿积，基本操作是选择、投影、并、差、笛卡儿积。

(2) 关系操作的特点：集合操作方式，即操作的对象和结果是集合。

(3) 关系代数：用对关系的运算来表达查询。

(4) 关系代数运算的三个要素：运算对象——关系，运算结果——关系，运算符——传统的集合运算符(并、差、交、笛卡儿积)、专门的关系运算符(选择、投影、连接、除)。

① 并($R \cup S$)：仍为 n 目关系，由属于 R 或属于 S 的元组组成。

② 差($R–S$)：仍为 n 目关系，由属于 R 而不属于 S 的所有元组组成。

③ 交($R \cap S$)：仍为 n 目关系，由既属于 R 又属于 S 的元组组成。

④ 笛卡儿积：R(n 目关系，k_1 个元组)，S(m 目关系，k_2 个元组)，$R \times S$(m+n 目关系，$k_1 \times k_2$ 个元组)。

⑤ 选择(σ)：对元组按照条件进行筛选，在关系 R 中选择满足给定条件的元组。

$$\sigma_F(R) = \{t | t \in R \wedge F(t) = '真'\}。$$

⑥ 投影(Π)：从 R 中选出若干属性列组成新的关系。投影操作主要是从列的角度进行运算，投影之后不仅取消了原关系中的某些列，而且还可能取消某些元组(避免重复行)。

$$\Pi_A(R) = \{t[A] | t \in R\}$$

⑦ 连接(θ)：两张表中的元组间有条件的串接。从两个关系的笛卡儿积中选取属性间满足一定条件的元组，有等值连接、自然连接、外连接(左外、右外、全外)之分。

⑧ 除($\div$)：给定关系 R(X,Y) 和 S(Y,Z)，其中 X，Y，Z 为属性组。R 中的 Y 与 S 中的 Y 可以有不同的属性名，但必须出自相同的域集。R 与 S 的除运算得到一个新的关系 P(X)，P 是 R 中满足下列条件的元组在 X 属性列上的投影：元组在 X 上分量值 x 的象集 Y_x 包含 S 在 Y 上投影的集合。

A.3 关系数据库标准语言 SQL

1. 结构化查询语言 SQL

关系数据库标准语言 SQL 是一种通用的、功能极强的关系数据库语言,是关系数据存取的标准接口,也是不同数据库系统之间相互操作的基础,集数据查询、数据操作、数据定义和数据控制功能于一体。

2. SQL 数据定义语句

SQL 数据定义包括模式定义、表定义、视图定义和索引定义。

操作对象	操作方式		
	创建	删除	修改
模式	CREATE SCHEMA	DROP SCHEMA	
表	CREATE TABLE	DROP TABLE	ALTER TABLE
视图	CREATE VIEW	DROP VIEW	
索引	CREATE INDEX	DROP INDEX	ALTER INDEX

SQL(Oracle 除外)一般不提供修改视图定义和索引定义的操作,需要先删除再重建。

3. 基本表的定义、修改、删除

(1) 定义基本表。

```
CREATE TABLE <表名>
          (<列名><数据类型>[ <列级完整性约束条件>]
          [,<列名><数据类型>[ <列级完整性约束条件>] ] …
          [,<表级完整性约束条件> ] );
```

列级完整性约束——涉及该表的一个属性。

- PRIMARY KEY:主码约束。
- NOT NULL:非空值约束。
- UNIQUE:唯一性(单值约束)约束。
- DEFAULT <默认值>:默认(默认)约束。
- CHECK<(逻辑表达式) >:核查约束,定义校验条件。

表级完整性约束——涉及该表的一个或多个属性。

- UNIQUE(属性列列表):限定各列取值唯一。
- PRIMARY KEY(属性列列表):指定主码。
- FOREIGN KEY(属性列列表)。
- REFERENCES <表名> [(属性列列表)]。
- CHECK(<逻辑表达式>):检查约束。

(2) 修改基本表。

```
ALTER TABLE <表名>
```

[ADD <新列名> <数据类型> [完整性约束]]

[DROP <列名> [CASCADE|RESTRICT]]

[ADD <表级完整性约束>]

[DROP   CONSTRAINT <完整性约束名> [CASCADE|RESTRICT]]

[ALTER COLUMN <列名> <数据类型>];

(3) 删除基本表。

DROP TABLE <表名> [RESTRICT| CASCADE];

RESTRICT：(受限)欲删除的基本表不能被其他表的约束所引用，如果存在依赖该表的对象(触发器、视图等)，则此表不能被删除。

CASCADE：(级联)在删除基本表的同时，相关的依赖对象一起删除。

基本表定义被删除，数据被删除，表上建立的索引、视图、触发器等一般也将被删除。

4. 数据查询(重点)

(1) 查询语句的基本格式。

SELECT [ALL|DISTINCT] <目标列表达式>[别名] [,<目标列表达式> [别名]] …

FROM <表名或视图名>[别名][,<表名或视图名>[别名]] …|(<SELECT 语句>)[AS]<别名>

[WHERE <条件表达式>]

[GROUP BY <列名 1>[HAVING<条件表达式>]]

[ORDER BY <列名 2> [ASC|DESC]];

整个 SELECT 语句的含义是：根据 WHERE 子句的条件表达式从 FROM 子句指定的基本表、视图或派生表中找出满足条件的元组，再按 SELECT 子句中的目标列表达式选出元组中的属性值形成结果表。

如果有 GROUP BY 子句，则将结果按照<列名 1>的值进行分组，值相等的元组为一组。如果 GROUP BY 子句带 HAVING 短语，则只有满足指定条件的组才会输出。

如果有 ORDER BY 子句，则结果还要按照<列名 2>的值的升序或降序排序。

(2) 单表查询。

① 选择表中的若干列(投影)。

- 查询指定列：(相当于 $\Pi_A(R)$,A= $A_1,A_2,…,A_n$)。

- 查询全部列：在 SELECT 关键字后面列出所有列名，按用户指定顺序显示。或将<目标列表达式>指定为 *按关系模式中的属性顺序显示。

- 查询经过计算的值：SELECT 子句的<目标列表达式>中可以是表达式。

② 选择表中的若干元组(选择)。

消除重复性：指定 DISTINCT 关键词，去掉表中重复的行。

查询满足条件的元组(通过 WHERE 子句实现),WHERE 子句常用的查询条件(相当于 σ_F)如下。

- 比较大小：=, >, >=, <, <=, !=, <>, !>, !<。

- 确定范围：BETWEEN …AND…, NOT BETWEEN…AND…。

- 确定集合：IN <值表>, NOT IN <值表>。

- 字符匹配：[NOT] LIKE, '<匹配串>',[ESCAPE ' <换码字符>']。

- 涉及空值的查询：IS NULL 或 IS NOT NULL，其中的 IS 不能用=代替。
- 多重条件查询：AND 或 OR 来联结多个查询条件，AND 的优先级高于 OR，可以用括号改变优先级，可用来实现多种其他谓词。

③ ORDER BY 子句：对查询结果排序。

可以按一个或多个属性列排序：升序为 ASC；降序为 DESC；默认值为升序。

当排序列含空值时，空值最大；ASC 时排序列为空值的元组最后显示；DESC 时排序列为空值的元组最先显示。

④ 聚集函数：对查询结果集中的某列进行计算或统计。

计数 COUNT([DISTINCT|ALL] *) COUNT([DISTINCT|ALL] <列名>)

计算总和 SUM([DISTINCT|ALL] <列名>)

计算平均值 AVG([DISTINCT|ALL] <列名>)

最大最小值 MAX([DISTINCT|ALL] <列名>) MIN([DISTINCT|ALL] <列名>)

注意，除 COUNT(*)外都要跳过空值；WHERE 子句不能使用聚集函数。

⑤ GROUP BY 子句：对查询结果分组。

用途：细化聚集函数的作用对象。

未对查询结果分组，聚集函数将作用于整个查询结果；对查询结果分组后，聚集函数将分别作用于每个组。

使用 GROUP BY 后，其 SELECT 子句的列名列表中只能出现分组属性和聚集函数。

如果分组后还要按照条件对这些组进行筛选，可使用 HAVING 短语指定筛选条件。

HAVING 短语与 WHERE 子句的区别：作用对象不同。WHERE 子句作用于基本表或视图，从中选择满足条件的元组；HAVING 短语作用于组，从中选择满足条件的组。

(3) 多表连接查询。

多表连接查询同时涉及两个以上的表，包括等值连接查询、自然连接查询、非等值连接查询、自身连接查询、外连接查询和复合条件连接查询。

(4) 嵌套查询。

在 SQL 语言中，一个 SELECT-FROM-WHERE 语句称为一个查询块。如将一个查询块嵌套在另一个查询块的 WHERE 子句或 HAVING 短语的条件中，则此查询称为嵌套查询。上层的查询称为外查询或父查询，下层的查询称为内查询或子查询。

SQL 语言还允许多层嵌套查询，即子查询中还可以嵌套其他子查询。

注意，子查询的 SELECT 子句中不能使用 ORDER BY 子句。

① IN 谓词子查询。在嵌套查询中，子查询的结果常常是一个集合。故谓词 IN 经常用于嵌套查询，其一般格式如下。

SELECT <目标列表达式列表>

FROM 表名

WHERE 列名 IN

(SELECT 子句)

② 比较运算符的子查询。比较运算符的子查询是指父查询与子查询之间通过比较运算符进

行连接的嵌套查询。当能确切知道子查询返回的是单个值时，父查询与子查询之间可以通过比较运算符(>、>=、<、<=、=、!=)连接起来。

③ EXISTS 谓词子查询。带 EXISTS 谓词的子查询不返回任何数据，只产生逻辑真值 TRUE 或逻辑假值 FALSE。若内层查询结果非空，则外层的 WHERE 子句返回真值，否则返回假值。

由 EXISTS 引出的子查询，其目标列表达式通常都用*，因为带 EXISTS 的子查询只返回真值或假值，给出列名无实际意义。

EXISTS 子查询中一般是相关子查询，即子查询脱离父查询后不能单独执行。

④ 不相关子查询与相关子查询。如果子查询的查询条件不依赖于父查询，称为不相关子查询；依赖于父查询，称为相关子查询。不相关子查询常用的求解方法是由里向外处理，即先执行子查询，子查询的结果用于建立父查询的查询条件。相关子查询的求解与不相关子查询的求解完全不同，不能一次将子查询求解出来，然后求解父查询，由于子查询与父查询相关，因此必须对子查询反复求值。

(5) 集合查询。SELECT 语句的查询结果是元组的集合，因此多个 SELECT 语句的查询结果可进行集合操作。参加集合操作的各查询结果的列数必须相同，对应项的数据类型也必须相同。

常见的集合操作包括并操作 UNION、交操作 INTERSECT 和差操作 EXCEPT。

5. 数据更新(增删改)

(1) 插入数据。

① 插入元组。

INSERT [INTO] <表名> [(<属性列 1>[,<属性列 2 >…)]
VALUES (<常量 1> [,<常量 2>] …)

功能：将新元组插入指定表中；新元组的属性列 1 的值为常量 1，属性列 2 的值为常量 2，……

- INTO 子句：属性列的顺序可与表定义中的顺序不一致，但必须指定列名；没有指定属性列，表示要插入的是一条完整的元组；指定部分属性列，未指定的属性列取空值，具有 NOT NULL 的属性列除外。
- VALUES 子句：提供的值必须与 INTO 子句匹配，包括值的个数、值的类型。

② 插入子查询结果。

INSERT INTO <表名>[(<属性列 1>[,<属性列 2 >…)]
子查询(SELECT 等);

(2) 修改数据。

UPDATE　　<表名>
SET　　<列名>=<表达式>[,<列名>=<表达式>]…
[WHERE <条件>];

功能：修改指定表中满足 WHERE 子句条件的元组。

- SET 子句：指定修改方式，要修改的列，修改后取值：<表达式>。
- WHERE 子句：指定要修改的元组，默认表示要修改表中的所有元组。

(3) 删除数据。

DELETE

FROM   <表名>

[WHERE <条件>];

功能：删除指定表中满足 WHERE 子句条件的元组。

WHERE 子句：指定要删除的元组；默认表示要删除表中的全部元组，表的定义仍在数据字典中。

6. 视图

特点：虚表，从一个或几个基本表(或视图)导出的表；只存放视图的定义，不存放视图对应的数据；基本表中的数据发生变化，从视图中查询出的数据也随之改变。

基于视图的操作：查询、删除、受限更新、定义基于该视图的新视图。

(1) 定义视图。

CREATE   VIEW <视图名>   [(<列名>   [,<列名>]···)]

AS   <子查询>

[WITH CHECK OPTION];

- 子查询：不允许含有 ORDER BY 子句和 DISTINCT 短语。
- WITH CHECK OPTION：表示对视图进行 UPDATE、INSERT 和 DELETE 操作时要保证更新、插入或删除的行满足视图定义中的谓词条件(即子查询中的条件表达式)。
- 组成视图的属性列名：全部省略或全部指定。

在下列三种情况下必须明确指定组成视图的所有列名：

- 某个目标列不是单纯的属性名，而是聚集函数或列表达式。
- 多表连接时选出了几个同名列作为视图的字段。
- 需要在视图中为某个列启用新的名字。

RDBMS 执行 CREATE VIEW 语句时，只是把视图定义存入数据字典，并不执行其中的 SELECT 语句。在对视图查询时，按视图的定义从基本表中将数据查出。

行列子集视图：从单个基本表导出，只是去掉了基本表的某些行和某些列，但保留了主码。

由于视图中的数据不会实际存储，所以定义视图时可根据应用的需要，设置一些派生属性列或虚拟列，以便于查询和统计。

以 SELECT * 方式创建的视图可扩充性差，应尽可能避免。

(2) 删除视图。

DROP   VIEW   <视图名>;

该语句从数据字典中删除指定的视图定义。如果该视图上还导出了其他视图，使用 CASCADE 级联删除语句，把该视图和由它导出的所有视图一起删除。删除基本表时，由该基本表导出的所有视图定义都必须显式地使用 DROP VIEW 语句删除。

(3) 查询视图。查询视图与查询基本表相同，视图定义后，就可以像对待基本表一样对视图进行查询(SELECT)操作。查询视图采用视图消解法。

视图消解法(view resolution)进行有效性检查，检查查询的表、视图等是否存在。如果存在，则从数据字典中取出视图的定义；转换成等价的对基本表的查询，把视图定义中的子查询与用户的查询结合起来；执行修正后的查询。

(4) 更新视图。DBMS 实现视图更新的方法：转换为对基本表的更新。方法为视图消解法。只能对"可更新"视图进行更新操作。

A.4 数据库安全

1. 计算机系统的三类安全性问题

技术安全、管理安全、政策法律。

2. 数据库安全性控制

(1) 用户标识与鉴别。

静态口令鉴别、动态口令鉴别、生物特征鉴别、智能卡鉴别。

(2) 存取控制。

- 自主存取控制：定义各个用户对不同数据对象的存取权限。当用户要访问数据库时，首先要检查其存取权限，以防止非法用户对数据库进行存取。"自主存取控制"中，"自主"的含义为用户可以将自己所拥有的存取权限"自主"地授予他人，即用户具有一定的"自主"权。

- 强制存取控制：每一个数据对象被(强制地)标以一定的加密级别，每位用户也被(强制地)授予某一级别的许可证。系统规定只有具有某一许可证级别的用户，才能存取加密级别的数据对象。强制存取控制(MAC)是对数据本身进行密级标记，无论数据如何复制，标记与数据是一个不可分的整体，只有符合密级标记要求的用户才可以操作数据，从而保障了更高级别的安全性。

(3) 授权与收回。

GRANT 语句和 REVOKE 语句实现关系数据库系统中存取控制权限。

① GRANT(授权)。

GRANT <权限>[,<权限>]...
ON <对象类型> <对象名> ,[<对象类型> <对象名>]
TO <用户>[,<用户>]...
[WITH GRANT OPTION];

功能：将对指定操作对象的指定操作权限授予指定的用户。

② REVOKE(收回权限)。

REVOKE <权限>[,<权限>]...
ON <对象类型> <对象名> >[,<对象类型> <对象名>] …
FROM <用户>[,<用户>]... >[CASCADE|RESTRICT];

功能：把指定对象的指定操作权限从指定用户处收回。

(4) 创建数据库模式的权限。

DBA 在创建用户时实现。

CREATE   USER   <username>
［WITH］ ［DBA｜RESOURCE｜CONNECT]

　　拥有 DBA 权限的用户是系统中的超级用户；只有系统的超级用户才有权创建新的数据库用户；如果没有指定创建的新用户的权限，默认该用户拥有 CONNECT 权限，只能登录数据库。

　　(5) 数据库角色。

　　数据库角色是被命名的一组与数据库操作相关的权限，是权限的集合，通过角色授权可简化授权过程。用 CREATE ROLE 语句创建角色，然后用 GRANT 语句给角色授权。

A.5 数据库完整性

1. 数据库完整性的概念

数据库的完整性是指数据的正确性和相容性。数据的正确性指数据是符合现实世界语义、反映当前实际状况的。数据的相容性指数据库同一对象在不同的关系表中的数据是符合逻辑的。

2. 保障数据库的完整性

(1) 提供定义完整性约束条件的机制。

(2) 提供完整性检查的方法。

(3) 进行违约处理。

3. 数据完整性约束条件

前文中已经讲述，此处不再赘述。

A.6　关系数据理论

1. 问题的提出

针对一个具体问题，如何构造一个适合于它的数据库模式，即应该构造几个关系模式。

2. 数据依赖

反映一个关系内部属性与属性之间的约束关系，是现实世界属性间相互联系的抽象，属于数据内在的性质和语义的体现。

3. 判断一个关系模式是否是好的模式的标准

不会发生插入异常、删除异常和更新异常，数据冗余尽可能少。

4. 规范化理论

规范化理论是用来设计良好的关系模式的基本理论。它通过分解关系模式来消除其中不合适的数据依赖，以解决插入异常、删除异常、更新异常和数据冗余问题。

5. 函数依赖

设 $R(U)$ 是一个属性集 U 上的关系模式，X 和 Y 是 U 的子集，若对于 $R(U)$ 的任意一个可能的关系 r，r 中不可能存在两个元组在 X 上的属性值相等，而在 Y 上的属性值不等，则称"X 函数确定 Y"或"Y 函数依赖于 X"，记作 $X{\rightarrow}Y$。

简单地说，对于关系模式的两个属性子集 X 和 Y，若 X 的任一取值能唯一确定 Y 的值，则称 Y 函数依赖于 X，记作 $X{\rightarrow}Y$。

设 $R(U)$ 是属性集 U 上的关系模式，X、Y 是 U 的子集：

● 如果 X 和 Y 之间是 1:1 关系(一对一关系)，则存在函数依赖 $X{\rightarrow}Y$ 和 $Y{\rightarrow}X$。
● 如果 X 和 Y 之间是 1:n 关系(一对多关系)，则存在函数依赖 $Y{\rightarrow}X$。
● 如果 X 和 Y 之间是 m:n 关系(多对多关系)，则 X 和 Y 之间不存在函数依赖。

注意：函数依赖不是指关系模式 R 的某个或某些关系满足约束条件，而是指 R 的一切关系均要满足约束条件。

6. 平凡函数依赖与非平凡函数依赖

对于关系模式的两个属性子集 X 和 Y，如果 $X{\rightarrow}Y$，但 $Y{\not\subseteq}X$，则称 $X{\rightarrow}Y$ 为非平凡函数依赖；如果 $X{\rightarrow}Y$，且 $Y{\subseteq}X$，则称 $X{\rightarrow}Y$ 为平凡函数依赖。

7. 完全函数依赖与部分函数依赖

对于关系模式的两个属性子集 X 和 Y，如果 $X{\rightarrow}Y$，并且对于 X 的任何一个真子集 X'，都有 $X'{\nrightarrow}Y$，则称 Y 对 X 完全函数依赖；如果 $X{\rightarrow}Y$，但 Y 不完全函数依赖于 X，则称 Y 对 X 部分函数依赖。

8. 传递函数依赖

对于关系模式的两个属性子集 X 和 Y，如果 $X{\rightarrow}Y(Y{\not\subseteq}X)$，$Y{\nrightarrow}X$，$Y{\rightarrow}Z(Z{\not\subseteq}Y)$，则称 Z 对

X 传递函数依赖。

9. 码

候选码：设 K 为 R<U,F>中的属性或属性组，若 K 完全函数决定 U(每个属性)，则 K 称为 R 的候选码。

K 需要满足以下两个条件：

(1) K 完全函数决定该关系的所有其他属性。

(2) K 的任何真子集都不能完全函数决定 R 的所有其他属性，K 必须是最小的。

若候选码多于一个，则选定其中的一个作为主码(PRIMARY KEY)，通常称之为码。

主属性(PRIME ATTRIBUTE)：包含在任何一个候选码中的属性。

非主属性或非码属性：不包含在任何码中的属性。

外码：关系模式 R 中属性或属性组 X 并非 R 的码，但 X 是另一个关系模式的码，则称 X 是 R 的外部码，也称外码。

10. 范式

范式指符合某一种级别的关系模式的集合。在设计关系数据库时，根据满足依赖关系要求的不同，定义为不同的范式。

11. 规范化

规范化指将一个低一级范式的关系模式，通过模式分解转换为若干个高一级范式的关系模式的集合的过程。

转换后，可以在一定程度上减轻原关系模式中存在的插入异常、删除异常、数据冗余度大、修改复杂等问题，但并不一定能完全消除原关系模式中的各种异常情况和数据冗余。

12. 范式及关系

范式之间的关系：1NF⊃2NF⊃3NF⊃BCNF⊃4NF⊃5NF。

(1) 1NF：如果一个关系模式 R 的所有属性都是不可分的基本数据项，则 R∈1NF。

1NF 是对关系模式的最起码要求。不满足 1NF 的数据库模式不能称为关系数据库；但满足 1NF 的关系模式并不一定是一个好的关系模式。

(2) 2NF：如果 R∈1NF，且每一个非主属性完全函数依赖于码，则 R∈2NF。

简而言之，第二范式就是每一行被码唯一标识。

(3) 3NF：如果 R∈2NF，且每一个非主属性都不传递依赖于 R 的候选码，则 R∈3NF。

2NF 和 3NF 都是对非主属性的要求，2NF 要求每一个非主属性完全函数依赖于码，3NF 要求每一个非主属性既不部分函数依赖于码，也不传递依赖于码。

局部依赖和传递依赖是模式产生数据冗余和操作异常的两个重要原因。

(4) BCNF：关系模式 R<U, F>∈1NF，若 X→Y 且 Y⊄X 时，X 必含有码，则 R<U, F>∈BCNF。等价于：每一个决定因素都包含码，即消除任何属性对码的部分和传递函数依赖。

BCNF 不仅对非主属性有要求，而且也对主属性有要求。如果一个关系模式只有两个属性构成，则该关系模式一定属于 BCNF。

(5) 3NF 与 BCNF 的关系：R∈BCNF ⇄（充分/不必要）R∈3NF。

如果 R∈3NF，且 R 只有一个候选码，R∈BCNF ⇄（充分/必要）R∈3NF。

(6) 4NF：如果 R∈1NF，对于 R 的每一个非平凡多值依赖 X→Y(Y⊄X)，X 都含有码，则 R∈4NF。

4NF 就是限制关系模式的属性之间不允许有非平凡且非函数依赖的多值依赖。

(7) 规范化过程如下。

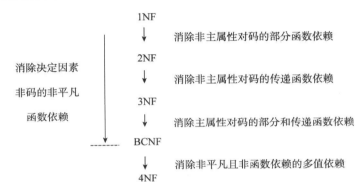

13. Armstrong 公理系统

(1) 逻辑蕴涵：对于满足一组函数依赖 F 的关系模式 R<U，F>，其任何一个关系 r，若函数依赖 X→Y 都成立，则称 F 逻辑蕴涵 X→Y。

(2) Armstrong 公理系统：自反律、增广律、传递律。

① 自反律：若 Y⊆X⊆U，则 X→Y 为 F 所蕴涵。

② 增广律：若 X→Y 为 F 所蕴涵，且 Z⊆U，则 XZ→YZ 为 F 所蕴涵。

③ 传递律：若 X→Y 及 Y→Z 为 F 所蕴涵，则 X→Z 为 F 所蕴涵。

(3) 三条有用的推理规则：合并规则、伪传递规则、分解规则。

① 合并规则：由 X→Y，X→Z，有 X→YZ。

② 伪传递规则：由 X→Y，WY→Z，有 XW→Z。

③ 分解规则：由 X→Y 及 Z⊆Y，有 X→Z。

(4) Armstrong 公理系统的有效性和完备性。

① 有效性：由 F 出发，根据 Armstrong 公理推导出来的每一个函数依赖一定在 F^+ 中。

② 完备性：F^+ 中的每一个函数依赖，必定可以由 F 出发根据 Armstrong 公理推导出来。

(5) 函数依赖闭包 F^+ 与属性集闭包 X_F^+。

① 函数依赖闭包 F^+：在关系模式 R<U,F>中为 F 所逻辑蕴涵的函数依赖的全体。F^+ 的求解是 NP 完全问题。

② 属性集闭包 X_F^+：设 F 为属性集 U 上的一组函数依赖，X⊆U，X_F^+={A|X→A 能由 F 根据

Armstrong 公理导出}，X_F^+ 称为属性集 X 关于函数依赖集 F 的闭包。

③ 属性集闭包 X_F^+ 两个重要的应用：判断函数依赖 X→Y 是否为 F 所逻辑蕴涵(即判断 Y 是否属于 X_F^+)；求解关系模式的候选码，判断关系模式满足第几范式。

(6) 最小函数依赖集(最小覆盖)：如果函数依赖集 F 满足下列条件，则称 F 为一个极小函数依赖集，也称为最小依赖集或最小覆盖。

① F 中任一函数依赖的右部仅含有一个属性。

② F 中不存在这样的函数依赖 X→A，使得 F 与 F-{X→A}等价。

③ F 中不存在这样的函数依赖 X→A，X 有真子集 Z 使得 F-{X→A}∪{Z→A}与 F 等价。

A.7 数据库设计

1. 数据库设计的概念

对于一个给定的应用环境，构造优化的数据库逻辑模式和物理结构，并据此建立数据库及其应用系统，使之能够有效地存储和管理数据，满足各种用户的应用需求，包括信息管理要求和数据操作要求。

2. 数据库设计的基本步骤

需求分析，概念结构设计，逻辑结构设计，物理结构设计，数据库实施，数据库运行和维护。

3. 概念结构设计

将需求分析得到的用户需求抽象为信息结构，即概念模型的过程。也就是通过对用户需求进行综合、归纳与抽象，形成一个独立于具体 DBMS 的概念模型。

4. E-R 图(用来描述概念模型)

实体型：用矩形表示，矩形框内写明实体名。

属性：用椭圆形表示，并用无向边将其与相应的实体型连接起来。

联系：用菱形表示，菱形框内写明联系名，并用无向边分别与有关实体连接起来，同时在无向边旁标上联系的类型(1:1、1:n 或 m:n)。

联系的属性：联系本身也是一种实体型，也可以有属性。如果一个联系具有属性，则这些属性也要用无向边与该联系连接起来。

5. 局部 E-R 图

绘制局部 E-R 图是概念结构设计的第一步，就是对需求分析阶段收集到的数据进行分类、组织，确定实体、实体的属性、实体之间的联系类型。

实体与属性的划分原则：现实世界的事物能作为属性对待的尽量作为属性对待。

判定为属性的两条准则：作为属性，不能再具有需要描述的性质，即属性必须是不可分的数据项，不能包含其他属性；属性不能与其他实体具有联系。

6. 全局 E-R 图

将各子系统的局部 E-R 图集成起来，可得到全局 E-R 图。E-R 图的集成一般需分两步。

(1) 合并。解决各分 E-R 图之间的冲突，将分 E-R 图合并起来生成初步全局 E-R 图。

(2) 修改和重构。消除不必要的冗余，生成基本 E-R 图。

7. 逻辑结构设计

将概念结构模型(基本 E-R 图)转换为某个 DBMS 产品所支持的数据模型相符合的逻辑结构，并对其进行优化。

E-R 图转换为关系模型实际上是将实体型、实体的属性和实体之间的联系转换为关系模式，转换原则如下。

(1) 一个实体型转换为一个关系模式，关系的属性就是实体的属性，关系的码就是实体的码。

(2) 对于实体型间的联系则根据不同的情况进行转换。

① 一个1:1联系可以转换为一个独立的关系模式，也可以与任意一端对应的关系模式合并。

② 一个1:n联系可以转换为一个独立关系模式，也可以与N端对应的关系模式合并。

③ 一个m:n联系转换为一个关系模式。

④ 3个或3个以上实体间的一个多元联系可以转换为一个关系模式。

⑤ 具有相同码的关系模式可合并。

8. 物理结构设计

数据库在物理设备上的存储结构与存取方法称为数据库的物理结构，它依赖于选定的DBMS。

为一个给定的逻辑数据模型选取一个最适合应用要求的物理结构的过程，就是数据库物理结构设计。数据库物理结构设计可分为以下两步。

(1) 确定数据库的物理结构，在关系数据库中主要指存取方法和存储结构。

(2) 对物理结构进行评价，评价的重点是时间和空间效率。

附录 B
章节练习题

B.1　数据库系统概述

一、选择题

1. 在数据管理技术的发展过程中,经历了人工管理阶段、文件系统阶段和数据库系统阶段。在这几个阶段中, 数据独立性最高的是( )阶段。

　　A. 数据库系统　　　　B. 文件系统　　　C. 人工管理　　　D. 数据项管理

2. 数据库的概念模型独立于( )。

　　A. 具体的机器和 DBMS　　　　　　B. E-R 图

　　C. 信息世界　　　　　　　　　　　D. 现实世界

3. 数据库的基本特点是( )。

　　A. (1)数据可以共享 (2)数据独立性 (3)数据冗余大 (4)统一管理和控制

　　B. (1)数据可以共享 (2)数据独立性 (3)数据冗余小 (4)统一管理和控制

　　C. (1)数据可以共享 (2)数据互换性 (3)数据冗余小 (4)统一管理和控制

　　D. (1)数据非结构化 (2)数据独立性 (3)数据冗余小 (4)统一管理和控制

4. ( )是存储在计算机内有结构的数据的集合。

　　A. 数据库系统　　　　　　　　　　B. 数据库

　　C. 数据库管理系统　　　　　　　　D. 数据结构

5. 数据库中存储的是( )。

　　A. 数据　　　　　　　　　　　　　B. 数据模型

　　C. 数据及数据之间的联系　　　　　D. 信息

6. 在数据库中, 数据的物理独立性是指( )。

　　A. 数据库与数据库管理系统的相互独立

　　B. 用户程序与 DBMS 的相互独立

　　C. 用户的应用程序与存储在磁盘上数据库中的数据是相互独立的

　　D. 应用程序与数据库中数据的逻辑结构相互独立

7. 数据库的特点之一是数据的共享, 严格地讲, 这里的数据共享是指( )。

　　A. 同一个应用中的多个程序共享一个数据集合

  B. 多个用户、同一种语言共享数据

  C. 多个用户共享一个数据文件

  D. 多种应用、多种语言、多个用户相互覆盖地使用数据集合

8. 数据库系统的核心是(　　)。

  A. 数据库   B. 数据库管理系统

  C. 数据模型   D. 软件工具

9. 下述关于数据库系统的正确描述是(　　)。

  A. 数据库系统减少了数据冗余

  B. 数据库系统避免了一切冗余

  C. 数据库系统中数据的一致性是指数据类型一致

  D. 数据库系统比文件系统能管理更多的数据

10. 将数据库的结构划分成多个层次，是为了提高数据库的(　　)和物理独立性。

  A. 数据独立性   B. 逻辑独立性

  C. 管理规范性   D. 数据的共享

11. 数据库(DB)、数据库系统(DBS)和数据库管理系统(DBMS)三者间的关系是(　　)。

  A. DBS 包括 DB 和 DBMS   B. DDMS 包括 DB 和 DBS

  C. DB 包括 DBS 和 DBMS   D. DBS 就是 DB，也就是 DBMS

12. 在数据库中，产生数据不一致的根本原因是(　　)。

  A. 数据存储量太大   B. 没有严格保护数据

  C. 未对数据进行完整性控制   D. 数据冗余

13. 数据库管理系统(DBMS)是(　　)。

  A. 数学软件   B. 应用软件

  C. 计算机辅助设计   D. 系统软件

14. 数据库管理系统(DBMS)的主要功能是(　　)。

  A. 修改数据库   B. 定义数据库

  C. 应用数据库   D. 保护数据库

15. 数据库系统的特点是(　　)、数据独立、减少数据冗余、避免数据不一致和加强了数据保护。

  A. 数据共享   B. 数据存储   C. 数据应用   D. 数据保密

16. 数据库系统的最大特点是(　　)。

  A. 数据的三级抽象和二级独立性   B. 数据共享性

  C. 数据的结构化   D. 数据独立性

17. 数据库管理系统能实现对数据库中数据的查询、插入、修改和删除等操作，这种功能称为(　　)。

  A. 数据定义功能   B. 数据管理功能

  C. 数据操纵功能   D. 数据控制功能

18. 数据库管理系统是(　　)。

  A. 操作系统的一部分   B. 在操作系统支持下的系统软件

C. 一种编译程序　　　　　　　　　　　D. 一种操作系统

19. 数据库的三级模式结构中，描述数据库中全体数据的全局逻辑结构和特征的是(　　)。

　　A. 外模式　　　　　B. 内模式　　　　　C. 存储模式　　　　D. 模式

20. 数据库系统的数据独立性是指(　　)。

　　A. 不会因为数据的变化而影响应用程序

　　B. 不会因为系统数据存储结构与数据逻辑结构的变化而影响应用程序

　　C. 不会因为存储策略的变化而影响存储结构

　　D. 不会因为某些存储结构的变化而影响其他的存储结构

21. 信息世界中的术语，与之对应的数据库术语为(　　)。

　　A. 文件　　　　　　B. 数据库　　　　　C. 字段　　　　　　D. 记录

22. 层次型、网状型和关系型数据库划分原则是(　　)。

　　A. 记录长度　　　　　　　　　　　　　B. 文件的大小

　　C. 联系的复杂程度　　　　　　　　　　D. 数据之间的联系

23. 传统的数据模型分类，数据库系统可以分为三种类型：(　　)。

　　A. 大型、中型和小型　　　　　　　　　B. 西文、中文和兼容

　　C. 层次、网状和关系　　　　　　　　　D. 数据、图形和多媒体

24. 层次模型不能直接表示(　　)。

　　A. 1:1 关系　　　　　　　　　　　　　B. 1:m 关系

　　C. m:n 关系　　　　　　　　　　　　　D. 1:1 和 1:m 关系

25. 数据库技术的奠基人之一 E.F.Codd 从 1970 年起发表过多篇论文，主要论述的是(　　)。

　　A. 层次数据模型　　　　　　　　　　　B. 网状数据模型

　　C. 关系数据模型　　　　　　　　　　　D. 面向对象数据模型

二、填空题

1. 数据管理技术经历了_____、_____和_____三个阶段。

2. 数据库是长期存储在计算机内、有_____的、可_____的数据集合。

3. DBMS 是指_____，它是位于_____和_____之间的一层管理软件。

4. 数据库管理系统的主要功能有_____、_____、数据库的运行管理和数据库的建立及维护 4 个方面。

5. 数据独立性又可分为_____和_____。

6. 当数据的物理存储改变，应用程序不变，而由 DBMS 处理这种改变，这是指数据的_____。

7. 数据模型是由_____、_____和_____三部分组成的。

8. _____是对数据系统的静态特性的描述，_____是对数据库系统的动态特性的描述。

9. 数据库体系结构按照_____、_____和_____三级结构进行组织。

10. 实体之间的联系可抽象为三类，它们是_____、_____和_____。

11. 数据冗余可能导致的问题有_____和_____。

12. 经过加工提炼而用于决策或其他应用活动的数据称为_____。

13. 按照数据结构的类型来命名，数据模型分为_____、_____和_____。

14. 非关系模型中数据结构的基本单位是_____。

15. 根据数据模型应用目的的不同，数据模型可分_____、_____、_____。

16. 负责全面管理和控制数据库系统的人员叫_____。

17. 数据描述语言的作用是_____。

18. 关系数据库采用_____作为数据的组织方式。

19. 层次数据模型中，只有一个结点，无父结点，它称为_____。

20. _____是存储在计算机内有结构的数据的集合。

三、简答题

1. 什么是数据库？

2. 什么是数据库的数据独立性？

3. 什么是数据库管理系统？

4. 什么是数据字典？数据字典包含哪些基本内容？

5. 简述数据模型的三要素及功能。

B.2 关系数据库

一、选择题

1. 关系数据库管理系统应能实现的专门关系运算包括( )。
   A. 排序、索引、统计
   B. 选择、投影、连接
   C. 关联、更新、排序
   D. 显示、打印、制表

2. 关系模型中,一个关键字是( )。
   A. 可由多个任意属性组成
   B. 至多由一个属性组成
   C. 可由一个或多个其值能唯一标识该关系模式中任何元组的属性组
   D. 以上都不是

3. 自然连接是构成新关系的有效方法。一般情况下,当对关系 R 和 S 使用自然连接时,要求 R 和 S 含有一个或多个共有的( )。
   A. 元组   B. 行   C. 记录   D. 属性

4. 关系运算中花费时间可能最长的运算是( )。
   A. 投影   B. 选择   C. 笛卡儿积   D. 除

5. 关系模式的任何属性( )。
   A. 不可再分
   B. 可再分
   C. 命名在该关系模式中可以不唯一
   D. 以上都不是

6. 在关系代数运算中,五种基本运算为( )。
   A. 并、差、选择、投影、自然连接
   B. 并、差、交、选择、投影
   C. 并、差、选择、投影、笛卡儿积
   D. 并、差、交、选择、笛卡儿积

7. 设有关系 R,按条件 f 对关系 R 进行选择,正确的是( )。
   A. R×R   B. R ⋈ R   C. $\sigma_f(R)$ D. $\Pi_f(R)$

8. 设关系 R 和 S 的元组个数分别为 100 和 300,关系 T 是 R 与 S 的笛卡儿积,则 T 的元组个数是( )。
   A. 100   B. 300   C. 400   D. 30 000

9. 如下图所示,两个关系 R1 和 R2,它们进行( )运算后得到 R3。

R1

A	B	C
A	1	X
C	2	Y
D	1	y

R2

B	D	E
1	M	I
2	N	J
5	M	K

R3

A	B	C	D	E
A	1	X	M	I
D	1	Y	M	I
C	2	y	N	J

   A. 交   B. 并   C. 笛卡儿积   D. 连接

10. 设有如下图所示的关系 R，经操作 $\Pi_{A,B}(\sigma_{B=2}(R))$ (Π 为"投影"运算符，σ 为"选择")的运算结果是(　　)。

	R				A				B			C			D	

A	B	C
1	2	3
4	1	6
3	2	4

A

A	B	C
1	2	C
3	2	3

B

A	B
1	2
4	1

C

A	B
1	2
3	2

D

A	B
1	4
4	1

二、填空题

1. 一个关系模式的定义格式为_____。

2. 一个关系模式的定义主要包括_____、_____、_____、_____和_____。

3. 关系代数运算中，传统的集合运算有_____、_____、_____和_____。

4. 关系代数运算中，基本的运算是_____、_____、_____、_____和_____。

5. 关系代数运算中，专门的关系运算有_____、_____和_____。

6. 关系数据库中基于数学的两类运算是_____和_____。

7. 关系操作的特点是_____操作。

8. 关系模式是关系的_____，相当于_____。

9. 在一个实体表示信息中，称能唯一标识实体的属性或属性组为_____。

10. 传统的集合"并，交，差"运算施加于两个关系时，这两个关系的_____必须相等，_____必须取自同一个域。

11. 关系代数是用对关系的运算来表达查询的，而关系演算是用_____来表达查询的，它又可分为_____和_____。

12. 同一关系模型中的任两个元组值_____。

13. 关系的三类完整性约束分别是_____、_____和_____。

14. 已知系(系编号，系名称，系主任，电话，地点)和学生(学号，姓名，性别，入学日期，专业，系编号)两个关系，系关系的主关键字是_____，系关系的外关键字是_____，学生关系的主关键字是_____，外关键字是_____。

15. 在学生(学号，姓名，性别，年龄，班长学号)、课程(课程号，课程名，学时数)、选修(学号，课程号，成绩)三个关系中：

选修关系的主码是_____，外码_____参照_____关系的主码，外码_____参照_____关系的主码。

学生关系的主码是_____，外码是_____，参照_____关系的主码。

三、问答题

1. 简述基本关系的性质。

2. 写出关系模式的五元组形式化表示，并说明各符号的含义。

3. 设 R 是包含 k_1 个元组的 n 目关系，S 是包含 k_2 个元组的 m 目关系，写出 R 与 S 的笛卡儿积运算公式，并说明其含义。

4. 简述自然连接和等值连接的区别和联系。

四、应用题

设有如下所示的关系 S(S#,SNAME,AGE,SEX)、C(C#,CNAME,TEACHER)和 SC(S#,C#,GRADE)，试用关系代数表达式表示下列查询语句。

(1) 检索"程军"老师所授课程的课程号(C#)和课程名(CNAME)。

(2) 检索年龄大于 21 岁的男学生的学号(S#)和姓名(SNAME)。

(3) 检索至少选修"程军"老师所授全部课程的学生姓名(SNAME)。

(4) 检索"李强"同学未选修课程的课程号(C#)。

(5) 检索至少选修两门课程的学生的学号(S#)。

(6) 检索全部学生都选修的课程的课程号(C#)和课程名(CNAME)。

(7) 检索选修课程包含"程军"老师所授课程之一的学生的学号(S#)。

(8) 检索选修课程号为 k1 和 k5 的学生的学号(S#)。

(9) 检索选修全部课程的学生的姓名(SNAME)。

(10) 检索所选修的课程包含学号为 2 的学生所修课程的学生学号(S#)。

(11) 检索选修课程名为"C 语言"的学生的学号(S#)和姓名(SNAME)。

B.3 关系数据库标准语言 SQL

一、选择题

1. SQL 语言是( )的语言，易于学习。
    A. 过程化   B. 非过程化   C. 格式化   D. 导航式

2. SQL 语言是( )语言。
    A. 层次数据库   B. 网络数据库   C. 关系数据库   D. 非数据库

3. SQL 语言具有( )的功能。
    A. 关系规范化、数据操纵、数据控制
    B. 数据定义、数据操纵、数据控制
    C. 数据定义、关系规范化、数据控制
    D. 数据定义、关系规范化、数据操纵

4. SQL 语言具有两种使用方式，分别称为交互式 SQL 和( )。
    A. 提示式 SQL   B. 多用户 SQL   C. 嵌入式 SQL   D. 解释式 SQL

5. SQL 语言最主要的功能是( )。
    A. 数据定义功能   B. 数据操纵功能   C. 数据查询   D. 数据控制

6. 在 SQL 语言中授权的操作是通过( )语句实现的。
    A. CREATE   B. REVOKE   C. GRANT   D. INSERT

7. 下列 SQL 语言中，修改表结构的语句为( )。
    A. ALTER   B. CREATE   C. UPDATE   D. INSERT

8. 关于 SQL 语言，下列说法正确的是( )。
    A. 数据控制功能不是 SQL 语言的功能之一
    B. SQL 采用的是面向记录的操作方式，以记录为单位进行操作
    C. SQL 是非过程化的语言，用户无须指定存取路径
    D. SQL 作为嵌入式语言语法与独立的语言有较大差别

9. 数据库中建立索引是为了( )。
    A. 加快建表速度   B. 加快存取速度
    C. 提高安全性   D. 节省存储空间

10. 视图是数据库系统三级模式中的( )。
    A. 外模式   B. 模式   C. 内模式   D. 模式映像

11. 下列说法不正确的是( )。
    A. 基本表和视图一样，都是关系
    B. 可以使用 SQL 对基本表和视图进行操作
    C. 可以从基本表和视图上定义视图
    D. 基本表和视图中都存储数据

12. 假定学生关系是 S(S#, SNAMEm, SEX, AGE)，课程关系是 C(C#, CNAME, TEACHER)，学生选课关系是 SC(S#, C#, GRADE)。

要查找选修 COMPUTER 课程的"女"学生姓名，将涉及关系(　　)。

  A. S   B. SC，C   C. S，SC   D. S，C，SC

13. 假定职工表的主关键字是职工号，部门表的主关键字是部门号，以下 SQL(　　)操作不能执行。

  A. 从职工表中删除行('025', '王芳', '03', 720)

  B. 将行('005', '乔兴', '04', 750)插入职工表中

  C. 将职工号为 001 的职工工资改为 700

  D. 将职工号为 038 的职工部门号改为 03

14. 若用如下 SQL 语句创建一个 student 表：

CREATE TABLE student(

NO C(4) NOT NULL，

NAME C(8) NOT NULL，

SEX C(2)，

AGE N(2)

)

  可以插入 student 表中的是(　　)。

  A. ('1031', '曾华', '男', 23)

  B. ('1031', '曾华', NULL, NULL)

  C. (NULL, '曾华', '男', 23)

  D. ('1031', NULL, '男', 23)

第 15 到第 18 题基于这样的三个表，即学生表 S、课程表 C 和学生选课表 SC，它们的结构如下：

S(S#, SN, SEX, AGE, DEPT)

C(C#, CN)

SC(S#, C#, GRADE)

其中：S#为学号，SN 为姓名，SEX 为性别，AGE 为年龄，DEPT 为系别，C#为课程号，CN 为课程名，GRADE 为成绩。

15. 检索所有比"王华"年龄大的学生姓名、年龄和性别。正确的 SELECT 语句是(　　)

  A. SELECT SN, AGE, SEX FROM S

    WHERE AGE＞(SELECT AGE FROM S

      WHERE SN='王华')

  B. SELECT SN, AGE, SEX

    FROM S

    WHERE SN＝'王华'

  C. SELECT SN, AGE, SEX FROM S

WHERE AGE＞(SELECT AGE

WHERE SN='王华')

D. SELECT SN, AGE, SEX　FROM S

WHERE AGE＞王华. AGE

16. 检索选修课程 C2 的学生中成绩最高的学生的学号，正确的 SELECT 语句是(　　)。

A. SELECT S# FORM SC

WHERE C#='C2' AND

GRAD＞＝(SELECT GRADE FORM SC

WHERE C#='C2')

B. SELECT S# FORM SC

WHERE C#='C2' AND GRADE IN

(SELECT GRADE FORM SC

WHERE C#='C2')

C. SELECT S# FORM SC

WHERE C#='C2' AND GRADE NOT IN

(SELECT GRADE FORM SC

WHERE C#='C2')

D. SELECT S# FORM SC

WHERE C#='C2' AND GRADE＞＝ALL

(SELECT GRADE FORM SC

WHERE C#='C2')

17. 检索学生姓名及其所选修课程的课程号和成绩，正确的 SELECT 语句是(　　)。

A. SELECT S. SN, SC. C#, SC. GRADE

FROM S

WHERE S. S#=SC. S#

B. SELECT S. SN, SC. C#, SC. GRADE

FROM SC

WHERE S. S#=SC. GRADE

C. SELECT S. SN, SC. C#, SC. GRADE

FROM S, SC

WHERE S. S#=SC. S#

D. SELECT S. SN, SC. C#, SC. GRADE

FROM S. SC

18. 检索选修四门以上课程的学生总成绩(不统计不及格的课程)，并要求按总成绩的降序排列出来，正确的 SELECT 语句是(　　)。

A. SELECT S#, SUM(GRADE)FROM SC

WHERE GRADE＞=60

GROUP BY S#

ORDER BY 2 DESC

HAVING COUNT(*)＞＝4　WHERE C#='C2' AND

GRADE＞＝

(SELECT GRADE FORM SC

WHERE C#='C2')

B.　SELECT S# FORM SC

WHERE C#='C2' AND GRADE IN

(SELECT GRADE FORM SC

WHERE C#='C2')

C.　SELECT S# FORM SC

WHERE C#='C2' AND GRADE NOT IN

(SELECT GRADE FORM SC

WHERE C#='C2')

D.　SELECT S# FORM SC

WHERE C#='C2' AND GRADE＞＝ALL

(SELECT GRADE FORM SC

WHERE C#='C2'

二、填空题

1. SQL 是_____。

2. 视图是一个虚表，它是从_____中导出的表。在数据库中，只存放视图的_____，不存放视图_____。

3. SQL 数据定义语句的操作对象有_____、_____、_____和_____。

4. SQL 数据定义语句的命令动词是_____、_____和_____。

5. RDBMS 中索引一般采用_____或_____来实现。

6. 索引可以分为_____、_____和_____三种类型。

7. 设有如下关系表 R：

R(No, NAME, SEX, AGE, CLASS)

主关键字是 NO,

其中 NO 为学号，NAME 为姓名，SEX 为性别，AGE 为年龄，CLASS 为班号。

写出实现下列功能的 SQL 语句。

① 插入一个记录(25, '李明', '男', 21, '95031')：_____。

② 插入 95031 班学号为 30、姓名为"郑和"的学生记录：_____。

③ 将学号为 10 的学生姓名改为"王华"：_____。

④ 将所有 95101 班号改为 95091：_____。

⑤ 删除学号为 20 的学生记录：_____。

⑥ 删除姓"王"的学生记录：_____。

三、应用题

1. 设学生课程数据库中有三个关系:

学生关系 S(S#, SNAME, AGE, SEX)

学习关系 SC(S#, C#, GRADE)

课程关系 C(C#, CNAME)

其中 S#、C#、SNAME、AGE、SEX、GRADE、CNAME 分别表示学号、课程号、姓名、年龄、性别、成绩和课程名。

用 SQL 语句表达下列操作。

(1) 检索选修课程名称为 MATHS 的学生的学号与姓名。

(2) 检索至少学习了课程号为 C1 和 C2 的学生的学号。

(3) 检索年龄在 18~20 岁之间(含 18 岁和 20 岁)的女生的学号、姓名和年龄。

(4) 检索平均成绩超过 80 分的学生学号和平均成绩。

(5) 检索选修了全部课程的学生姓名。

(6) 检索选修了三门以上课程的学生的姓名。

(7) 查询所有比"王华"年龄大的学生姓名、年龄和性别。

(8) 检索学生姓名及其所选修课程的课程号和成绩。

(9) 检索选修 3 号课程的学生姓名和成绩。

(10) 查询选修了课程名为"数据库"的学生学号和姓名。

(11) 定义一个反映学生出生年份的视图。

(12) 将学生的学号及他的平均成绩定义为一个视图。

2. 设学生—课程数据库中包括以下三个表。

学生表:Student (Sno, Sname, Sex, Sage, Sdept)

课程表:Course(Cno, Cname, Ccredit)

学生选课表:SC(Sno, Cno, Grade)

其中 Sno、Sname、Sex、Sage、Sdept、Cno、Cname、Ccredit、Grade 分别表示学号、姓名、性别、年龄、所在系名、课程号、课程名、学分和成绩。

试用 SQL 语言完成下列项操作。

(1) 查询选修课程包括 1042 号学生所学的课程的学生学号。

(2) 创建一个计科系学生信息视图 S_CS_VIEW,包括 Sno 学号、Sname 姓名、Sex 性别。

(3) 通过上面第(2)题创建的视图修改数据,把王平的名字改为王慧平。

(4) 创建一个选修数据库课程信息的视图,视图名称为 datascore_view,包含学号、姓名、成绩。

B.4 数据库安全

一、选择题

1. 下面哪个不是数据库系统必须提供的数据控制功能：( )。

    A. 安全性   B. 可移植性   C. 完整性   D. 并发控制

2. 保护数据库，防止未经授权的或不合法的使用造成的数据泄露、更改破坏，这是指数据的( )。

    A. 安全性   B. 完整性   C. 并发控制   D. 恢复

3. 数据库的( )是指数据的正确性和相容性。

    A. 安全性   B. 完整性   C. 并发控制   D. 恢复

4. 在数据系统中，对存取权限的定义称为( )。

    A. 命令   B. 授权   C. 定义   D. 审计

5. 数据库管理系统通常提供授权功能来控制不同用户访问数据的权限，这主要是为了实现数据库的( )。

    A. 可靠性   B. 一致性   C. 完整性   D. 安全性

6. 下列 SQL 语句中，能够实现"收回用户 ZHAO 对学生表(STUD)中学号(XH)的修改权"这一功能的是( )。

    A. REVOKE UPDATE(XH) ON TABLE FROM ZHAO

    B. REVOKE UPDATE(XH) ON TABLE FROM PUBLIC

    C. REVOKE UPDATE(XH) ON STUD FROM ZHAO

    D. REVOKE UPDATE(XH) ON STUD FROM PUBLIC

7. 把对关系 SC 的属性 GRADE 的修改权授予用户 ZHAO 的 SQL 语句是( )。

    A. GRANT GRADE ON SC TO ZHAO

    B. GRANT UPDATE ON SC TO ZHAO

    C. GRANT UPDATE (GRADE) ON SC TO ZHAO

    D. GRANT UPDATE ON SC (GRADE) TO ZHAO

8. 在 SQL Server 中删除触发器用( )。

    A. ROLLBACK   B. DROP

    C. DELALLOCATE   D. DELETE

9. SQL 的 GRANT 和 REVOKE 语句可以用来实现( )。

    A. 自主存取控制   B. 强制存取控制

    C. 数据库角色创建   D. 数据库审计

10. 在强制存取控制机制中，当主体的许可证级别等于客体的密级时，主体可以对客体进行如下操作：( )。

    A. 读取   B. 写入

    C. 不可操作   D. 读取、写入

二、填空题

1. 计算机系统存在_____、_____和_____三类安全性问题。

2. TCSEC/TDI 标准由_____、_____、_____和_____四个方面内容构成。

3. 保护数据安全性的一般方法是_____和_____。

4. 安全性控制的一般方法有_____、_____、_____、_____和视图的保护五级安全措施。

5. 存取权限包括两方面的内容，一个是_____，另一个是_____。

6. 在数据库系统中对存取权限的定义称为_____。

7. 在 SQL 语言中，为了数据库的安全性，设置了对数据的存取进行控制的语句，对用户授权使用_____语句，收回所授的权限使用_____语句。

8. DBMS 存取控制机制主要包括两类：_____和_____。

9. 用户权限由_____和_____两部分构成。

10. 当对某一表进行诸如_____、_____、_____这些操作时，SQL Server 会自动执行触发器所定义的 SQL 语句。

三、问答题

1. 数据库安全性控制的常用方法有哪些？

2. 写出下列 SQL 自主权限控制命令。

(1) 把对 Student 和 Course 表的全部权限授予所有用户。

(2) 把对 Student 表的查询权和姓名修改权授予用户 U4。

(3) 把对 SC 表的插入权限授予 U5 用户，并允许他传播该权限。

(4) 把用户 U5 对 SC 表的 INSERT 权限收回，同时收回被他传播出去的授权。

(5) 创建一个角色 R1，并使其对 Student 表具有数据查询和更新权限。

(6) 对修改 Student 表结构的操作进行审计。

B.5　数据库完整性

一、选择题

1. 在数据库系统中，保证数据及语义正确和有效的功能是(　　)。

　　A. 并发控制　　　　　B. 存取控制　　　　　C. 安全控制　　　　　D. 完整性控制

2. 关于主键约束，以下说法错误的是(　　)。

　　A. 一个表中只能设置一个主键约束

　　B. 允许空值的字段上不能定义主键约束

　　C. 允许空值的字段上可以定义主键约束

　　D. 可以将包含多个字段的字段组合设置为主键

3. 在表或视图上执行除了(　　)以外的语句都可以激活触发器。

　　A. INSERT　　　　　B. DELETE　　　　　C. UPDATE　　　　　D. CREATE

4. 数据库的(　　)是指数据的正确性和相容性。

　　A. 安全性　　　　　B. 完整性　　　　　C. 并发控制　　　　　D. 恢复

5. 在数据库的表定义中，限制成绩属性列的取值在 0~100 的范围内，属于数据的
(　　)约束。

　　A. 实体完整性　　　　B. 参照完整性　　　　C. 用户自定义　　　　D. 用户操作

6. 下列说法正确的是(　　)。

　　A. 使用 ALTER TABLE ADD CONSTRAINT 可以增加基于元组的约束

　　B. 如果属性 A 上定义了 UNIQUE 约束，则 A 不可以为空

　　C. 如果属性 A 上定义了外码约束，则 A 不可以为空

　　D. 不能使用 ALTER TABLE ADD CONSTRAINT 增加主码约束

二、填空题

1. 数据库的完整性是指数据的_____、_____和_____。

2. 实体完整性是指在基本表中，_____。

3. 参照完整性是指在基本表中，_____。

4. 为了保护数据库的实体完整性，当用户程序对主码进行更新使主码值不唯一时，DBMS
就_____。

5. 在 CREATE TABLE 时，用户定义的完整性约束可以通过_____、_____和
等子句实现。

6. 定义数据库完整性一般是由 SQL 的_____语句实现的。

三、设计题

在学生课程管理数据库中创建一个触发器，当向学生选课表插入记录时，检查该记录的学
号在学生表中是否存在,检查该记录的课程号在课程表中是否存在,以及选课成绩是否在 0~100
范围内，若有一项为否，则不允许插入。

四、问答题

简述可能破坏参照完整性的情况及违约处理方式。

B.6　关系数据理论

一、选择题

1. 关系规范化中的删除操作异常是指(　　)，插入操作异常是指(　　)。
   A. 不该删除的数据被删除　　　　　　B. 不该插入的数据被插入
   C. 应该删除的数据未被删除　　　　　D. 应该插入的数据未被插入

2. 设计性能较优的关系模式称为规范化，规范化主要的理论依据是(　　)。
   A. 关系规范化理论　　　　　　　　　B. 关系运算理论
   C. 关系代数理论　　　　　　　　　　D. 数理逻辑

3. 规范化过程主要为克服数据库逻辑结构中的插入异常、删除异常及(　　)的缺陷。
   A. 数据的不一致性　　　　　　　　　B. 结构不合理
   C. 冗余度大　　　　　　　　　　　　D. 数据丢失

4. 当关系模式 R(A, B) 已属于 3NF，下列说法中(　　)是正确的。
   A. 它一定消除了插入和删除异常　　　B. 仍存在一定的插入和删除异常
   C. 一定属于 BCNF　　　　　　　　　D. A 和 C 都是

5. 关系模型中的关系模式至少是(　　)。
   A. 1NF　　　　　　B. 2NF　　　　　　　C. 3NF　　　　　　　　D. BCNF

6. 在关系 DB 中，任何二元关系模式的最高范式必定是(　　)。
   A. 1NF　　　　　　B. 2NF　　　　　　C. 3NF　　　　　　　D. BCNF

7. 在关系模式 R 中，若其函数依赖集中所有候选关键字都是决定因素，则 R 最高范式是(　　)。
   A. 2NF　　　　　　　B. 3NF　　　　　　C. 4NF　　　　　　D. BCNF

8. 候选关键字中的属性称为(　　)。
   A. 非主属性　　　B. 主属性　　　C. 复合属性　　　D. 关键属性

9. 消除了部分函数依赖的 1NF 的关系模式，必定是(　　)。
   A. 1NF　　　　　　B. 2NF　　　　　　C. 3NF　　　　　　D. 4NF

10. 关系模式的候选关键字可以有(　　)，主关键字有(　　)。
    A. 0 个　　　　　B. 1 个　　　　　C. 1 个或多个　　　D. 多个

11. 根据关系数据库规范化理论，关系数据库中的关系要满足第一范式。下面"部门"关系中，因哪个属性而使它不满足第一范式? (　　)。
    部门(部门号，部门名，部门成员，部门总经理)
    A. 部门总经理　　　B. 部门成员　　　C. 部门名　　　　D. 部门号

12. 在关系模式中，如果属性 A 和 B 存在 1 对 1 的联系，则说(　　)。
    A. A→B　　　　　　B. B→A　　　　　　C. A←→B　　　　D. 以上都不是

13. 关系模式 R 中的属性全部是主属性，则 R 的最高范式必定是(　　)。
    A. 2NF　　　　　　B. 3NF　　　　　　C. BCNF　　　　　D. 4NF

14. 关系数据库规范化是为了解决关系数据库中(　　　)问题而引出的。

    A. 插入、删除和数据冗余　　　　　　B. 提高查询速度

    C. 减少数据操作的反复性　　　　　　D. 保证数据完整性和安全性

二、填空题

1. 在关系 A(S, SN, D)和 B(D, CN, NM)中，A 的主键是 S，B 的主键是 D，则 D 在 S 中称为_____。

2. 对于非规范化的模式，经过_____转变为 1NF，将 1NF 经过_____转变为 2NF，将 2NF 经过_____转变为 3NF。

3. 在关系数据库的规范化理论中，在执行"分解"时，必须遵守规范化原则：保持原有的_____和_____。

三、解答题

1. 已知关系模式 Student<U、F>，U={学号，所属系，系主任，课程号，成绩}，分析其属性间的函数依赖 F，然后将其分解为更高级的范式以解决数据操作异常和冗余问题。

2. 考虑关系模式 R(A,B,C,D)，写出满足下列函数依赖时 R 的码，并给出 R 属于哪种范式。

(1) B→D,AB→C;

(2) A→B,A→C,D→A;

(3) BCD→A,A→C;

(4) B→C,B→D,CD→A;

(5) ABD→C。

3. 已知学生关系模式 S(Sno,Sname,SD,Sdname,Course,Grade)，其中：Sno 为学号，Sname 为姓名，SD 为系名，Sdname 为系主任名，Course 为课程，Grade 成绩。

(1) 写出关系模式 S 的基本函数依赖和主码。

(2) 原关系模式 S 为几范式？为什么？分解成高一级范式，并说明为什么。

(3) 将关系模式分解成 3NF，并说明为什么。

4. 设有如下表关系 R：

课程名	教师名	教师地址
C1	马千里	D1
C2	于得水	D1
C3	金灶沐	D2
C4	于得水	D1

(1) 它为第几范式？为什么？

(2) 是否存在删除操作异常？若存在，则说明是在什么情况下发生的。

(3) 将它分解为高一级范式，分解后的关系是如何解决分解前可能存在的删除操作异常问题？

5. 设某商业集团数据库中有一关系模式 R 如下：R(商店编号，商品编号，数量，部门编号，

负责人)。如果规定：① 每个商店的每种商品只在一个部门销售；② 每个商店的每个部门只有一个负责人；③ 每个商店的每种商品只有一个库存数量。

试回答下列问题：

(1) 根据上述规定，写出关系模式 R 的基本函数依赖。

(2) 找出关系模式 R 的候选码。

(3) 试问关系模式 R 最高已经达到第几范式？为什么？

(4) 如果 R 不属于 3NF，请将 R 分解成 3NF 模式集。

B.7 数据库设计

一、选择题

1. 在数据库设计中，用 E-R 图来描述信息结构但不涉及信息在计算机中的表示，它是数据库设计的(   )阶段。

    A. 需求分析   B. 概念设计   C. 逻辑设计   D. 物理设计

2. 在关系数据库设计中，设计关系模式是(   )的任务。

    A. 需求分析阶段   B. 概念设计阶段

    C. 逻辑设计阶段   D. 物理设计阶段

3. 数据库物理设计完成后，进入数据库实施阶段，下列各项中不属于实施阶段的工作是(   )。

    A. 建立库结构   B. 扩充功能   C. 加载数据   D. 系统调试

4. 在数据库的概念设计中，最常用的数据模型是(   )。

    A. 形象模型   B. 物理模型   C. 逻辑模型   D. 实体联系模型

5. 从 E-R 模型关系向关系模型转换时，一个 M:N 联系转换为关系模型时，该关系模式的关键字是(   )。

    A. M 端实体的关键字

    B. N 端实体的关键字

    C. M 端实体关键字与 N 端实体关键字组合

    D. 重新选取其他属性

6. 当局部 E-R 图合并成全局 E-R 图时可能出现冲突，不属于合并冲突的是(   )。

    A. 属性冲突   B. 语法冲突   C. 结构冲突   D. 命名冲突

7. 概念模型独立于(   )。

    A. E-R 模型   B. 硬件设备和 DBMS

    C. 操作系统和 DBMS   D. DBMS

8. 数据流程图(DFD)是用于描述结构化方法中(   )阶段的工具。

    A. 可行性分析   B. 详细设计   C. 需求分析   D. 程序编码

9. 下图所示的 E-R 图转换成关系模型，可以转换为(   )关系模式。

    A. 1 个   B. 2 个   C. 3 个   D. 4 个

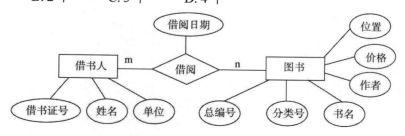

二、填空题

1. 设计数据库必须遵循_____和_____相结合的原则。

2. "为哪些表，在哪些字段上，建立什么样的索引"这一设计内容应该属于数据库_____设计阶段。

3. 在数据库设计中，把数据需求写成文档，它是各类数据描述的集合，包括数据项、数据结构、数据流、数据存储和数据加工过程等的描述，通常称为_____。

4. 在设计局部 E-R 图时，由于各个子系统分别有不同的应用，而且往往是由不同的设计人员设计的，所以各个局部 E-R 图之间难免有不一致的地方，这些冲突主要有_____、_____和_____三类。

5. 用户对数据库的要求包括_____、_____、_____和_____四个方面。

6. 数据字典主要包括_____、_____、_____、_____和_____过程五个部分。

7. 三种常用抽象方法是_____、_____和_____。

8. 数据库常用的存取方法包括_____、_____和_____方法三种。

9. 确定数据存放位置和存储结构需要考虑的因素主要有_____、_____和_____等。

10. 集成局部 E-R 图要分两个步骤，分别是_____和_____。

三、问答题

1. 简述数据库设计步骤及各部分的作用？

2. 简述建立索引的一般原则。

3. 数据库投入正式运行后为什么还需要维护？维护工作由谁负责？主要工作有哪些？

四、综合题

1. 假设教学管理规定：

① 一个学生可选修多门课，一门课有若干学生选修；

② 一个教师可讲授多门课，一门课只有一个教师讲授；

③ 一个学生选修一门课，仅有一个成绩。

学生的属性有学号、学生姓名；教师的属性有教师编号、教师姓名；课程的属性有课程号、课程名。

要求：根据上述语义画出 E-R 图，要求在图中画出实体的属性，并注明联系的类型。

2. 设有如下实体。

学生：学号、单位、姓名、性别、年龄、选修课程名。

课程：编号、课程名、开课单位、任课教师号。

教师：教师号、姓名、性别、职称、讲授课程编号。

单位：单位名称、电话、教师号、教师名。

上述实体中存在如下联系：

(1) 一个学生可选修多门课程，一门课程可为多个学生选修。

(2) 一个教师可讲授多门课程，一门课程可为多个教师讲授。

(3) 一个单位可有多个教师，一个教师只能属于一个单位。

完成如下工作：

(1) 分别设计学生选课和教师任课两个局部信息的结构 E-R 图。

(2) 将上述设计完成的 E-R 图合并成一个全局 E-R 图。

(3) 将该全局 E-R 图转换为等价的关系模型表示的数据库逻辑结构。

附录 C
模拟试题

模拟试题(一)

一、填空题(共 10 分,每空 1 分)

1. 从数据库管理系统的角度划分数据库系统的体系结构,可分为_____、_____和_____3 层。

2. RDBMS 的中文意思是_____。

3. 在关系代数中,θ 连接是由笛卡儿积和_____运算组合而成的。

4. 通过模式分解把属于低级范式的关系模式转换为几个属于高级范式的关系模式的集合,这一过程称为_____。

5. 要使关系模式属于第三范式,既要消除_____,也要消除_____。

6. 利用游标进行查询需要 4 种语句,分别是说明游标、_____、_____和关闭游标。

二、单选题(共 10 分,每题 1 分)

1. 数据库系统的基础是( )。
   A. 数据结构　　　　B. 数据库管理系统　　　　C. 操作系统　　　　D. 数据模型

2. 经过投影运算后,所得关系的元组数( )原关系的元组数。
   A. 等于　　　　B. 小于　　　　C. 小于或等于　　　　D. 大于

3. 关系 R 与关系 S 只有 1 个公共属性,T1 是 R 与 S 作 θ 连接的结果,T2 是 R 与 S 作自然连接的结果,则( )。
   A. T1 的属性个数等于 T2 的属性个数
   B. T1 的属性个数小于 T2 的属性个数
   C. T1 的属性个数大于或等于 T2 的属性个数
   D. T1 的属性个数大于 T2 的属性个数

4. 在 SQL 中,与关系代数中的投影运算对应的子句是( )。
   A. SELECT　　　　B. FROM　　　　C. WHERE　　　　D. ORDER BY

5. 在 SQL 的排序子句:ORDER BY 总分 DESC,英语 DESC 表示( )。
   A. 总分和英语分数都是最高的在前面

    B. 总分和英语分数之和最高的在前面

    C. 总分高的在前面，总分相同时英语分数高的在前面

    D. 总分和英语分数之和最高的在前面，相同时英语分数高的在前面

6. 下面哪一个依赖是平凡依赖：( )。

    A. Sno Cname Grade→Sno Grade

    B. Sno Cname→Cname Grade

    C. Sno Cname→Sname Grade

    D. 以上答案都不是

7. 已知关系 R 具有属性 A，B，C，D，E，F。假设该关系有如下函数依赖：$AB \rightarrow C, BC \rightarrow AD$, $D \rightarrow E, CF \rightarrow B$，则{A,B}的闭包是( )。

    A. {A, B, C, D, E, F}

    B. {A, B, C}

    C. {A, B, C, D, E}

    D. {A, B}

8. 一个关系模式 $R(x_1, x_2, x_3, x_4)$，假定该关系存在如下函数依赖：$x_1 \rightarrow x_2$，$x_1 \rightarrow x_3$，$x_3 \rightarrow x_4$，则该关系属于( )。

    A. 2NF

    B. 3NF

    C. 4NF

    D. BCNF

9. 保护数据库中的信息，防止未经授权或非法的使用所造成的数据泄露、更改或破坏，称为数据库的( )。

    A. 安全性

    B. 完整性

    C. 恢复

    D. 并发控制

10. 有两个变量 cno、cname 已赋值，对应关系 COURSE 中字段 cno、cname。则将表中指定 cno 值的数据对应的 cname 属性值改变为新指定的正确的嵌入式 SQL 语句格式是( )。

    A. EXEC SQL UPDATE COURSE SET (cname=:cname) WHERE cno=:cno;

    B. EXEC SQL UPDATE COURSE SET (cname=cname) WHERE cno=cno;

    C. EXEC SQL UPDATE COURSE SET (:cname=cname) WHERE :cno=cno;

    D. EXEC SQL UPDATE COURSE SET (:cname=:cname) WHERE :cno=:cno;

三、判断题(共 10 分，每题 1 分)

1. 在设计基本 E-R 图时，必须消除所有的冗余数据和冗余联系。 ( )

2. 查询优化主要是物理方法的优化，而逻辑方法优化与否影响不大。 ( )

3. 一个数据库可以建立多个聚簇，但一个关系只能加入一个聚簇。 ( )

4. 当查询结果为多个元组时，交互式 SQL 中采用游标机制来指示所取出元组的位置。

    ( )

5. 数据库重组织与重构造的差别在于：重组织并不修改原有的逻辑模式和内模式；而重构造会部分修改原有的逻辑模式和内模式。 ( )

6. 在物理设计阶段，根据 DBMS 的特点和处理需要，选择存储结构，建立索引，形成数据库的模式。 ( )

7. 逻辑设计可以独立于数据库管理系统。 ( )

8. 若并发事务的调度是可串行化的，则这些事务一定都遵守两段锁协议。 ( )

9. 事务故障的恢复是由系统自动完成的，对用户是透明的。 ( )

10. 一个一对多联系可以转换为一个独立的关系模式，也可以与 1 端对应的关系模式合并。

    ( )

四、简答题(共 12 分, 每题 4 分)

1. 关系模型有何特点?
2. 数据库系统中可能发生的故障大致可以分为哪几类?简述各类故障的恢复机制。
3. 简述画 E-R 图时区别实体与属性的两条准则是什么。

五、综合题(第 1、2 题 10 分, 第 3 题 18 分, 第 4 题 28 分, 共 58 分)

1. 假设学生选课数据库关系模式如下:

STUDENT (SNO, SNAME, SAGE, SDEPT);

COURSE (CNO, CNAME);

SC (SNO, CNO, SCORE)

(1) 用 SQL 语句实现如下查询:查询学生张林的"数据库原理"成绩。

(2) 将上述 SQL 语句转化为等价的关系代数表达式。

(3) 画出优化后的查询树。

2. 指出下列关系模式是第几范式?并说明理由。

(1) R(X,Y,Z)　　$F=\{X \to Y, X \to Z\}$

(2) R(A,B,C,D,E)　$F=\{AB \to C, AB \to E, A \to D, BD \to ACE\}$

(3) R(W,X,Y,Z)　　$F=\{X \to Z, WX \to Y\}$

3. 一个车间有多个工人,每个工人有职工号、姓名、年龄、性别、工种;一个车间生产多种产品,产品有产品号、价格;一个车间生产多种零件,一种零件也可能为多个车间制造,零件有零件号、重量、价格;一种产品由多种零件组成,一种零件也可装配到多种产品中,产品与零件均存入仓库中;厂内有多个仓库,仓库有仓库号、主任姓名、电话。

请画出该系统的 E-R 图,并给出相应的关系模型,要求注明主码和外码,其中主码用下划线标出,外码用波浪线标出。

4. 有关系模式如下:

学生 S(SNO, SN, SEX, AGE);

课程 C(CNO, CN, PCNO),其中 PCNO 为直接先行课;

选课 SC(SNO,CNO,G),其中 G 为课程考试成绩。

(1) 用关系代数及 SQL 语言写出查询语句,查询所有学生都选修的课程名 CN。

(2) 用关系代数及 SQL 语言写出查询语句,查询 DB 课成绩在 90 分以上的学生的姓名。

(3) 将选修课程 DB 的学生学号、姓名建立视图 SDB。

(4) 在学生选课关系 SC 中,把英语课的成绩提高 10%。

模拟试题(二)

一、填空题(共 10 分，每空 1 分)

1. 描述事物的符号记录称为_____。

2. 如果 D1 有 3 个元组，D2 中有 4 个元组，则 D1×D2 有_____个元组。

3. 在 SQL 语言中，"_"和_____符号属于通配符。

4. 在 SQL 语言中，">ANY"等价于_____。

5. _____是从一个或几个基本表导出的表。

6. 触发器的类型分为_____触发器和语句级触发器。

7. 在 MAC 机制当中，仅当主体的许可证级别_____客体的密级时，该主体才能读取相应的客体。

8. 对于关系代数的查询优化，_____优化策略是最重要和最基本的一条。

9. _____故障系统自动执行，介质故障需要 DBA 的介入。

10. DBMS 的基本工作单位是事务，它是用户定义的一组逻辑一致的程序序列，并发控制的主要方法是_____机制。

二、单选题(共 10 分，每题 1 分)

1. 下列不属于数据管理技术主要经历阶段的是(　　)。
   A. 手工管理　　　　B. 机器管理　　　　C. 文件系统　　　　D. 数据库

2. 数据库的概念模型独立于(　　)。
   A. 具体的机器和 DBMS　　　　　　B. E-R 图
   C. 信息世界　　　　　　　　　　D. 现实世界

3. 下面的哪种范式是最规范的数据库范式(　　)。
   A. 2NF　　　　　　B. 3NF　　　　　　C. 4NF　　　　　　D. BCNF

4. 下列不属于关系完整性的是(　　)。
   A. 实体完整性　　　　　　　　　B. 参照的完整性
   C. 用户定义的完整性　　　　　　D. 逻辑结构的完整性

5. 不同的数据模型是提供模型化数据和信息的不同工具，用于信息世界建模的是(　　)。
   A. 网状模型　　　　　　　　　　B. 关系模型
   C. 概念模型　　　　　　　　　　D. 结构模

6. 下列关于数据库系统正确的描述是(　　)。
   A. 数据库系统减少了数据的冗余
   B. 数据库系统避免了一切冗余
   C. 数据库系统中数据的一致性是指数据的类型一致
   D. 数据库系统比文件系统能管理更多的数据

7. 下面哪个不属于数据库系统的三级模式结构：(　　)。
   A. 外模式　　　　　　B. 模式　　　　　　C. 中模式　　　　　　D. 内模式

8. 下面哪个命令属于 SQL 语言授权命令：(   )。

    A. UPDATE   B. DELETE   C. SELECT   D. GRANT

9. 在具有监测点的故障恢复技术中，下面哪个事务不需要 REDO：(   )。

    A. T1   B. T2   C. T3   D. T4

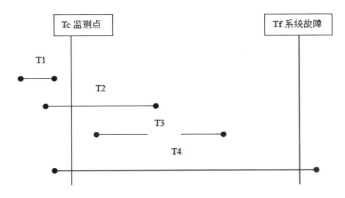

10. 同一个关系模型的任意两个元组值(   )。

    A. 不能全同   B. 可全同   C. 必须全同   D. 以上都不是

三、简答题(每题 5 分，共 25 分)

1. 简述数据库系统的三级模式结构和两级映像。

2. 关系的完整性有哪些？请用实例解释。

3. 实体间的联系有哪些？请举例说明。

4. 数据库设计分为哪几个阶段？

5. 试说明 B+树索引和聚簇分别适合用在什么地方。

四、编程题(每小题 1 分，共 15 分)

可能用到的表结构如下：

学生表(学号，姓名，性别，年龄，班级)；

课程表(课程号，课程名，学分)；

成绩表(学号，课程号，成绩)。

1. 创建存储过程 GetStudentByID，带有参数 Sno，根据学生的学号查询学生情况。

2. 编写 SQL 语句，查询学生表中所有学生，要求首先按照班级升序排序，然后按照年龄降序排序。

3. 编写 SQL 语句，查询学生表中姓张的学生。

4. 编写 SQL 语句，查询学生表中男女生的人数各有多少。

5. 编写 SQL 语句，查询所有比"王平"年龄大的情况。

6. 编写 SQL 语句，在学生表和成绩表中查询学号、姓名、课程号、成绩。

7. 编写 SQL 语句，将(1022，张望，男，19，信息 2)的学生插入学生表中。

8. 编写 SQL 语句，将学号为 1022 的学生的姓名改为张旺。

9. 编写 SQL 语句，删除没有选课的学生。

10. 编写 SQL 语句，查询课程号为 9 的选修课的情况。

11. 编写关系代数，查询选修 3 号课程的学生学号。

12. 编写关系代数，查询至少选修了一门直接选修课为 5 号课程的学生姓名。

13. 编写 SQL 语句，创建学生表。

14. 编写 SQL 语句，建立计算机 1 班男生的视图。

15. 编写 SQL 语句，将对学生表的修改权限赋给用户 U1。

五、求解题(共 20 分)

1. 设某连锁店数据库系统中有三个实体集。

商店：商店号、商店名、地址、电话；

商品：商品号、商品名、单价；

职工：职工号、职工名。

商店与商品之间存在销售联系，其属性有销售日期和销售量。每个商店可以销售多种商品，每种商品可以由多家商店销售。商店与职工之间存在聘任联系，属性有工资，每个职工只能在一家商店工作。

(1) 试画出 E-R 图。(4 分)

(2) 将 E-R 模型转换为关系模型。(4 分)

(3) 说明关系模式之间的参照关系。(4 分)

2. 有如下关系 R、S，求 R∪S、R∩S、R-S、R×S。(8 分)

R		
A	B	C
a1	b1	c1
a1	b2	c2
a2	b2	c1

S		
A	B	C
a1	b2	c2
a1	b3	c2
a2	b2	c1

六、解答题(共 20 分)

1. 有如下表所示的关系 R：

工程号	工程名	材料号	数量	开工日期	完工日期
P1	体育场工程	I1	4	9805	9902
P1	体育场工程	I2	6	9805	9902
P1	体育场工程	I3	15	9805	9902
P2	教学楼工程	I1	6	9811	9912
P2	教学楼工程	I4	18	9811	9912

(1) R 的关键字是什么？(3 分)

(2) R 属于第几范式？需要证明。(5 分)

(3) R 存在的问题是什么？(3 分)

(4) 分解成更高的范式。(3 分)

2. 关系模式 S(学生，课程，名次)，假设每门课程每一个名次只有一个学生。判断该模式是第几范式？说明理由。(6 分)

模拟试题(三)

一、填空题(共 10 分，每空 1 分)

1. 关系数据模型由关系数据结构、关系操作和_____三部分组成。

2. 一般情况下，当对关系 R 和 S 使用自然连接时，要求 R 和 S 含有一个或多个共有的_____。

3. 在 Student 表的 Sname 列上建立一个唯一索引的 SQL 语句为：

CREATE _____Stusname ON student(Sname)

4. SELECT 语句查询条件中的谓词"!=ALL"与运算符_____等价。

5. 关系模式 R(A, B, C, D)中，存在函数依赖关系{A→B, A→C, A→D, (B, C)→A}，则候选码是_____，R∈_____NF。

6. E-R 图之间的冲突主要有属性冲突、_____、结构冲突三种。

7. _____是 DBMS 的基本单位，是用户定义的一个数据库操作序列。

8. 存在一个等待事务集{T_0, T_1, …, T_n}，其中 T_0 正等待被 T_1 锁住的数据项，T_1 正等待被 T_2 锁住的数据项，T_{n-1} 正等待被 T_n 锁住的数据项，且 T_n 正等待被 T_0 锁住的数据项，这种情形称为_____。

9. _____是并发事务正确性的准则。

二、单选题(共 40 分，每题 2 分)

1. 数据库系统的核心是(　　)。

    A. 数据库   B. 数据库管理系统

    C. 数据模型   D. 软件工具

2. 下列四项中，不属于数据库系统的特点的是(　　)。

    A. 数据结构化   B. 数据由 DBMS 统一管理和控制

    C. 数据冗余度大   D. 数据独立性高

3. 概念模型是现实世界的第一层抽象，这一类模型中最著名的模型是(　　)。

    A. 层次模型   B. 关系模型

    C. 网状模型   D. 实体-联系模型

4. 数据的物理独立性是指(　　)。

    A. 数据库与数据库管理系统相互独立

    B. 用户程序与数据库管理系统相互独立

    C. 用户的应用程序与存储在磁盘上数据库中的数据是相互独立的

    D. 应用程序与数据库中数据的逻辑结构是相互独立的

5. 要保证数据库的逻辑数据独立性，需要修改的是(　　)。

    A. 模式与外模式之间的映象   B. 模式与内模式之间的映象

    C. 模式   D. 三级模式

6. 关系数据模型的基本数据结构是( )。

    A. 树   B. 图   C. 索引   D. 关系

7. 有一名为"列车运营"实体，含有车次、日期、实际发车时间、实际抵达时间、情况摘要等属性，该实体主码是( )。

    A. 车次   B. 日期   C. 车次+日期   D. 车次+情况摘要

8. 已知关系 R 和 S，R∩S 等价于( )。

    A. (R–S)–S   B. S–(S–R)   C. (S–R)–R   D. S–(R–S)

9. 学校数据库中有学生和宿舍两个关系：

学生(学号，姓名)和宿舍(楼名，房间号，床位号，学号)

    假设有的学生不住宿，床位也可能空闲。如果要列出所有学生住宿和宿舍分配的情况，包括没有住宿的学生和空闲的床位，则应执行( )。

    A. 全外连接   B. 左外连接   C. 右外连接   D. 自然连接

10. 用下面的 Transact-SQL 语句建立一个基本表：

CREATE TABLE Student(Sno CHAR(4) PRIMARY KEY,

Sname CHAR(8) NOT NULL,

Sex CHAR(2),

Age INT)

    可以插入到表中的元组是( )。

    A.'5021'，'刘祥'，男，21   B. NULL，'刘祥'，NULL，21

    C.'5021'，NULL，男，21   D.'5021'，'刘祥'，NULL，NULL

11. 把对关系 SPJ 的属性 QTY 的修改权授予用户李勇的 Transact-SQL 语句是( )。

    A. GRANT QTY ON SPJ TO '李勇'

    B. GRANT UPDATE(QTY) ON SPJ TO '李勇'

    C. GRANT UPDATE (QTY) ON SPJ TO 李勇

    D. GRANT UPDATE ON SPJ (QTY) TO 李勇

12. 下图中( )是最小关系系统。

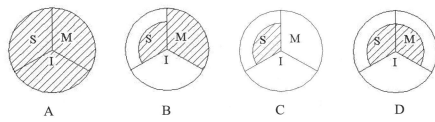

        A   B   C   D

13. 关系规范化中的插入操作异常是指( )。

    A. 不该删除的数据被删除   B. 不该插入的数据被插入

    C. 应该删除的数据未被删除   D. 应该插入的数据未被插入

14. 在关系数据库设计中，设计关系模式是数据库设计中( )阶段的任务。

    A. 逻辑设计   B. 物理设计   C. 需求分析   D. 概念设计

15. 在 E-R 模型中，如果有 3 个不同的实体型，3 个 M:N 联系，根据 E-R 模型转换为关系模型的规则，转换后关系的数目为(　　)。

    A. 4　　　　　　　B. 5　　　　　　　C. 6　　　　　　　D. 7

16. 事务的隔离性是指(　　)。

    A. 一个事务内部的操作及使用的数据对并发的其他事务是隔离的

    B. 事务一旦提交，对数据库的改变是永久的

    C. 事务中包括的所有操作要么都做，要么都不做

    D. 事务必须是使数据库从一个一致性状态变到另一个一致性状态

17. 数据库恢复的基础是利用转储的冗余数据，这些转储的冗余数据是指(　　)。

    A. 数据字典、应用程序、审计档案、数据库后备副本

    B. 数据字典、应用程序、日志文件、审计档案

    C. 日志文件、数据库后备副本

    D. 数据字典、应用程序、数据库后备副本

18. 若事务 T 对数据对象 A 加上 S 锁，则(　　)。

    A. 事务 T 可以读 A 和修改 A，其他事务只能再对 A 加 S 锁，而不能加 X 锁

    B. 事务 T 可以读 A 但不能修改 A，其他事务只能再对 A 加 S 锁，而不能加 X 锁

    C. 事务 T 可以读 A 但不能修改 A，其他事务能对 A 加 S 锁和 X 锁

    D. 事务 T 可以读 A 和修改 A，其他事务能对 A 加 S 锁和 X 锁

19. 设有两个事务 T1、T2，其并发操作如下图所示，下面评价正确的是(　　)。

T1	T2
① 读 A=100	
②	读 A=100
③ A=A-5 写回	
④	A=A-8 写回

    A. 该操作不存在问题　　　　　　　　B. 该操作丢失修改

    C. 该操作不能重复读　　　　　　　　D. 该操作读"脏"数据

20. 以下(　　)封锁违反两段锁协议。

    A. Slock A … Slock B … Xlock C … Unlock A … Unlock B … Unlock C

    B. Slock A … Slock B … Xlock C … Unlock C … Unlock B … Unlock A

    C. Slock A … Slock B … Xlock C … Unlock B … Unlock C … Unlock A

    D. Slock A …Unlock A …Slock B … Xlock C … Unlock B … Unlock C

三、简答题(第 1、3 题 3 分，第 2 题 4 分，共 10 分)

1. 试述关系模型的参照完整性规则。

2. 试述视图的作用。

3. 记日志文件时必须遵循什么原则？

四、设计题(第 1 题 4 分，第 2 题 6 分，第 3 题 3 分，第 4 题 4 分，第 5 题 8 分，共 25 分)

1. 设教学数据库中有三个基本表：

学生表 S(SNO, SNAME, AGE, SEX)，其属性分别表示学号、学生姓名、年龄、性别。

课程表 C(CNO, CNAME, TEACHER)，其属性分别表示课程号、课程名、授课教师名。

选修表 SC(SNO, CNO, GRADE)，其属性分别表示学号、课程号、成绩。

有如下 SQL 查询语句：

```
SELECT CNO
FROM C
WHERE CNO NOT IN
    ( SELECT CNO
    FROM S,SC
    WHERE S.SNO=SC.SNO
    AND SNAME='张三');
```

请完成下列问题：

(1) 阐述上述 SQL 语句的含义。

(2) 等价的关系代数表达式表示上述 SQL 查询语句。

2. 设有如下图所示的三个关系。其中各个属性的含义如下：A#(商店代号)、ANAME(商店名)、WQTY(店员人数)、CITY(所在城市)、B#(商品号)、BNAME(商品名称)、PRICE(价格)、QTY(商品数量)。

A

A#	ANAME	WQTY	CITY
101	韶山商店	15	长沙
204	前门百货商店	89	北京
256	东风商场	501	北京
345	铁道商店	76	长沙
620	第一百货公司	413	上海

B

B#	BNAME	PRICE
1	毛笔	21
2	羽毛球	784
3	收音机	1325
4	书包	242

AB

A#	B#	QTY	A#	B#	QTY
101	1	105	256	2	91
101	2	42	345	1	141
101	3	25	345	2	18
101	4	104	345	4	74
204	3	61	620	4	125
256	1	241			

试用 SQL 语言写出下列查询：

(1) 写出店员人数不超过 100 人或者在长沙市的所有商店的代号和商店名。

(2) 写出至少供应了代号为256的商店所供应的全部商品的其他商店的商店名和所在城市。

3. 设有职工基本表：EMP(ENO, ENAME, AGE, SEX, SALARY)，其属性分别表示职工号、姓名、年龄、性别、工资。为每个工资低于 1000 元的女职工加薪 200 元，试写出这个操作的 SQL 语句。

4. 设某工厂数据库中有以下两个基本表。

车间基本表：DEPT(DNO, DNAME, MGR_ENO)，其属性分别表示车间编号、车间名和车间主任的职工号。

职工基本表：ERP(ENO, ENAME, AGE, SEX, SALARY, DNO)，其属性分别表示职工号、姓名、年龄、性别、工资和所在车间的编号。

建立一个有关女车间主任的职工号和姓名的视图，其结构如下：

VIEW6(ENO, ENAME)。

试写出创建该视图 VIEW6 的 SQL 语句。

5. 设有关系 R 和函数依赖 F：R(A, B, C, D, E)，F = { ABC→DE, BC→D, D→E }。

试求下列问题：

(1) 关系 R 的侯选码是什么？R 属于第几范式？并说明理由。(3 分)

(2) 因果关系 R 不属于 BCNF，请将关系 R 逐步分解为 BCNF。(5 分)

要求：写出达到每一级范式的分解过程，并指明消除什么类型的函数依赖。

五、综合题(15 分)

某企业集团有若干工厂，每个工厂生产多种产品，且每一种产品可以在多个工厂生产，每个工厂按照固定的计划数量生产产品；每个工厂聘用多名职工，且每名职工只能在一个工厂工作，工厂聘用职工有聘期和工资。工厂的属性有工厂编号、厂名、地址，产品的属性有产品编号、产品名、规格，职工的属性有职工号、姓名。

(1) 据上述语义画出 E-R 图。(5 分)

(2) 将该 E-R 模型转换为关系模型。(5 分)

(要求：1:1 和 1:n 的联系进行合并)

(3) 写出转换结果中每个关系模式的主码和外码。(5 分)

模拟试题(四)

一、填空题(共 10 分,每空 1 分)

1. 系数据库的实体完整性规则规定基本关系的_____都不能取_____。

2. 关系 A(S,SN,D)和 B(D,CN,NM)中,A 的主码是 S,B 的主码是 D,则 D 在 A 中称为_____。

3. SQL 语言中,用于授权的语句是_____。

4. 关系 R 与 S 的交可以用关系代数的基本运算表示为_____。

5. 据库系统中最重要的软件是_____,最重要的用户是_____。

6. 据库设计分为以下六个设计阶段:需求分析阶段、_____、逻辑结构设计阶段、_____、数据库实施阶段、数据库运行和维护阶段。

7. 已知关系 R(A,B,C,D)和 R 上的函数依赖集 F={A→CD,C→B},则 R∈_____NF。

二、单选题(共 40 分,每题 2 分)

1. 下列四项中,不属于数据库系统的主要特点的是(   )。
   A. 数据结构化   B. 数据的冗余度小
   C. 较高的数据独立性   D. 程序的标准化

2. 数据的逻辑独立性是指(   )。
   A. 内模式改变,模式不变
   B. 模式改变,内模式不变
   C. 模式改变,外模式和应用程序不变
   D. 内模式改变,外模式和应用程序不变

3. 在数据库的三级模式结构中,描述数据库中全体数据的全局逻辑结构和特征的是(   )。
   A. 外模式   B. 内模式   C. 存储模式   D. 模式

4. 相对于非关系模型,关系数据模型的缺点之一是(   )。
   A. 存取路径对用户透明,需查询优化   B. 数据结构简单
   C. 数据独立性高   D. 有严格的数学基础

5. 现有关系表:学生(宿舍编号,宿舍地址,学号,姓名,性别,专业,出生日期)的主码是(   )。
   A. 宿舍编号   B. 学号
   C. 宿舍地址,姓名   D. 宿舍编号,学号

6. 自然连接是构成新关系的有效方法。一般情况下,当对关系 R 和 S 使用自然连接时,要求 R 和 S 含有一个或多个共有的(   )。
   A. 元组   B. 行   C. 记录   D. 属性

7. 下列关系运算中,(   )运算不属于专门的关系运算。
   A. 选择   B. 连接   C. 广义笛卡儿积   D. 投影

8. SQL 语言具有(   )的功能。

    A. 关系规范化、数据操纵、数据控制

    B. 数据定义、数据操纵、数据控制

    C. 数据定义、关系规范化、数据控制

    D. 数据定义、关系规范化、数据操纵

9. 从 E-R 模型关系向关系模型转换时,一个 M:N 联系转换为关系模式时,该关系模式的关键字是(   )。

    A. M 端实体的关键字

    B. N 端实体的关键字

    C. M 端实体关键字与 N 端实体关键字组合

    D. 重新选取其他属性

10. SQL 语言中,删除一个表的命令是(   )。

    A. DELETE   B. DROP   C. CLEAR   D. REMOVE

11. 下图中(   )是关系完备的系统。

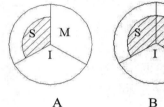 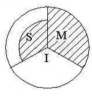 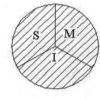

        A   B   C   D

12. 有关系模式 A(S,C,M),其中各属性的含义是:S 为学生;C 为课程;M 为名次。其语义是:每一个学生选修每门课程的成绩有一定的名次,每门课程中每一名次只有一个学生(即没有并列名次),则关系模式 A 最高达到(   )。

    A. 1NF   B. 2NF   C. 3NF   D. BCNF

13. 关系规范化中的删除异常是指(   )。

    A. 不该删除的数据被删除   B. 不该插入的数据被插入

    C. 应该删除的数据未被删除   D. 应该插入的数据未被插入

14. 在数据库设计中,E-R 图产生于(   )。

    A. 需求分析阶段   B. 物理设计阶段

    C. 逻辑设计阶段   D. 概念设计阶段

15. 有一个关系:学生(学号,姓名,系别),规定学号的值域是 8 个数字组成的字符串,这一规则属于(   )。

    A. 实体完整性约束   B. 参照完整性约束

    C. 用户自定义完整性约束   D. 关键字完整性约束

16. 事务是数据库运行的基本单位。如果一个事务执行成功,则全部更新提交;如果一个事务执行失败,则已做过的更新被恢复原状,好像整个事务从未有过这些更新,这样保持了数据库处于(   )状态。

    A. 安全性   B. 一致性   C. 完整性   D. 可靠性

17. (   )用来记录对数据库中数据进行的每一次更新操作。

A. 后援副本　　　　　　B. 日志文件　　　　　　C. 数据库　　　　　　　　D. 缓冲区

18. 在并发控制技术中，最常用的是封锁机制，基本的封锁类型有排它锁 X 和共享锁 S，下列关于两种锁的相容性描述不正确的是(　　)。

A. X/X：TRUE

B. S/S：TRUE

C. S/X：FALSE

D. X/S：FALSE

19. 设有两个事务 T1、T2，其并发操作如下图所示，下面评价正确的是(　　)。

A. 该操作不存在问题　　　　　　　　B. 该操作丢失修改

C. 该操作不能重复读　　　　　　　　D. 该操作读"脏"数据

T1	T2
read(A)	
read(B)	
sum=A+B	
	read(A)
	A＝A*2
	write(A)
read(A)	
read(B)	
sum=A+B	
write(A+B)	

20. 已知事务 T1 的封锁序列为：LOCK S(A)···LOCK S(B)···LOCK X(C)···UNLOCK (B) ···UNLOCK (A) ···UNLOCK (C)

事务 T2 的封锁序列为：LOCK S(A) ···UNLOCK (A) ···LOCK S(B)···LOCK X(C) ···UNLOCK (C) ···UNLOCK (B)

则遵守两段封锁协议的事务是(　　)。

A. T1　　　　　　B. T2　　　　　　C. T1 和 T2　　　　　　D. 没有

三、简答题(第 1 题 4 分，第 2、3 题各 3 分，共 10 分)

1. 试述数据、数据库、数据库管理系统、数据库系统的概念。

2. 说明视图与基本表的区别和联系。

3. 数据库系统的故障有哪些类型？

四、设计题(第 1 题 15 分，第 2 题 10 分，共 25 分)

1. 设有一个工程供应数据库系统，包括如下四个关系模式：

S(SNO, SNAME, STATUS, CITY);

P(PNO, PNAME, COLOR, WEIGHT);

J(JNO, JNAME, CITY);

SPJ(SNO, PNO, JNO, QTY)。

供应商表 S 由供应商号、供应商名、状态、城市组成；

零件表 P 由零件号、零件名、颜色、重量组成；

工程项目表 J 由项目号、项目名、城市组成；

供应情况表 SPJ 由供应商号、零件号、项目号、供应数量组成。

(1) 用关系代数查询没有使用天津供应商生产的红色零件的工程号。(3 分)

(2) 用关系代数查询至少使用了供应商 S1 所供应的全部零件的工程号 JNO。(3 分)

(3) 用 SQL 查询供应工程 J1 零件为红色的工程号 JNO。(2 分)

(4) 用 SQL 查询没有使用天津供应商生产的零件的工程号。(3 分)

(5) 用 SQL 语句将全部红色零件改为蓝色。(2 分)

(6) 用 SQL 语句将(S2, P4, J6, 400)插入供应情况关系。(2 分)

2. 设有关系 STUDENT(S#,SNAME,SDEPT,MNAME,CNAME,GRADE),(S#,CNAME)为候选码,设关系中有如下函数依赖:

(S#,CNAME)→ SNAME,SDEPT,MNAME

S# → SNAME,SDEPT,MNAME

(S#,CNAME)→ GRADE

SDEPT → MNAME

试求下列问题:

(1) 关系 STUDENT 属于第几范式?并说明理由。(3 分)

(2) 如果关系 STUDENT 不属于 BCNF,请将关系 STUDENT 逐步分解为 BCNF。(7 分)

要求:写出达到每一级范式的分解过程,并指明消除什么类型的函数依赖。

五、综合题(15 分)

某医院病房管理系统中,包括四个实体型,分别如下。

科室:科名、科地址、科电话 病房:病房号、病房地址

医生:工作证号、姓名、职称、年龄 病人:病历号、姓名、性别。

且存在如下语义约束:

- 一个科室有多间病房、多个医生,一个病房只能属于一个科室,一个医生只属于一个科室;
- 一个医生可负责多个病人的诊治,一个病人的主管医生只有一个;
- 一间病房可入住多个病人,一个病人只能入住在一间病房。

注意:不同科室可能有相同的病房号。

完成如下设计:

(1) 画出该医院病房管理系统的 E-R 图。(5 分)

(2) 将该 E-R 图转换为关系模型。(5 分)

(要求:1:1 和 1:n 的联系进行合并)

(3) 指出转换结果中每个关系模式的主码和外码。(5 分)

模拟试题(五)

一、填空题(共 10 分，每空 1 分)

1. 关系数据的数据完整性约束包括实体完整性、_____、用户定义的完整性。

2. 在对表中的数据进行修改时，对数据实施完整性检查，激活的触发器是_____。

3. 连接运算中有两种最为重要也最为常用的连接，一种是等值连接，另一种是_____。

4. 在 SQL 语句中，使用_____语句来建立索引。

5. 如果要计算表中数据的平均值，可以使用的聚合函数是_____。

6. 在 SQL Server 中，为便于管理用户及权限,可以将一组具有相同权限的用户组织在一起，这一组具有相同权限的用户称为_____。

7. 从关系规范化理论的角度来讲，一个只满足 1NF 的关系可能存在四方面的问题：数据冗余度大、修改异常、插入异常和_____。

8. 若一个视图是从单个基本表导出的，并且只是去掉了基本表的某些行和某些列，但保留了主码，我们称这类视图为_____。

9. 设有下列关系模式 R，F 是 R 上成立的函数依赖集，R(A, B, C)，F={B→C, AC→B}，R 属于_____范式。

10. 关系模式 R(U,F) 中，U=ABCD,F={A→C,C→A,B→AC,D→AC}，R 的候选键为_____。

二、选择题(共 30 分，每题 2 分)

1. 数据库与文件系统的根本区别在于(　　)。
   A. 提高了系统效率　　　　　　　　B. 方便了用户使用
   C. 数据的结构化　　　　　　　　　D. 节省了存储空间

2. 要保证数据库的逻辑数据独立性，需要修改的是(　　)。
   A. 模式与外模式之间的映射　　　　B. 模式与内模式之间的映射
   C. 模式　　　　　　　　　　　　　D. 三级模式

3. 五种基本关系代数运算是(　　)。
   A. ∪，－，$\bowtie$，∏和σ　　　　　　B. ∪，－，×，∏和σ
   C. ∪，∩，×，∏和σ　　　　　　　D. ∪，∩，$\bowtie$，∏和σ

4. 下列聚集函数中不忽略空值(NULL)的是(　　)。
   A. SUM(列名)　　　　　　　　　　B. MAX(列名)
   C. COUNT(*)　　　　　　　　　　D. AVG(列名)

5. 在视图上不能完成的操作是(　　)。
   A. 更新视图　　　　　　　　　　　B. 在视图上定义新的视图
   C. 查询　　　　　　　　　　　　　D. 在视图上定义新的表

6. 下列的 SQL 语句中，(　　)不是数据定义语句。
   A. CREATE TABLE　　　　　　　　B. DROP VIEW

C. CREATE VIEW   D. GRANT

7. 若要撤销数据库中已经存在的表 B，可用(　　)。

    A. DELETE TABLE B   B. DROP TABLE B

    C. DELETE B   D. DROP B

8. 如果要在一张管理职工工资的表中限制工资的输入范围，应使用(　　)约束。

    A. PDRIMARY KEY   B. FOREIGN KEY

    C. UNIQUE   D. CHECK

9. SQL 聚集函数 COUNT、SUM、AVG、MAX、MIN 不允许出现在查询语句(　　)子句中。

    A. SELECT   B. HAVING

    C. WHERE   D. GROUP BY… HAVING

10. 在 SQL SERVER 中局部变量前面的字符为(　　)。

    A. @@   B. #   C. *   D. @

11. 设关系 R 和 S 的属性个数分别为 r 和 s，则(R×S)操作结果的属性个数为(　　)。

    A. r×s   B. r−s   C. r+s   D. max(r,s)

12. 关系模型概念中，不含多余属性的超键称为(　　)。

    A. 候选码   B.超码   C.全码   D.主码

13. 有关系 S(S#,SNAME,SEX),C(C#,CNAME),SC(S#,C#)。其中 S#为学生号，SNAME 为学生姓名，SEX 为性别，C#为课程号，CNAME 为课程名。要查询选修"计算机"课的全体女学生姓名的 SQL 语句是 SELECT SNAME FROM S，C，SC WHERE 子句。这里 WHERE 子句的内容是(　　)。

    A. S.S#=SC.S# AND SEX='女' AND CNAME='计算机'

    B. S.S#=SC.S# AND C.C#=SC.C# AND CNAME='计算机'

    C. SEX='女' AND CNAME='计算机'

    D. S.S#=SC.S# AND C.C#=SC.C# AND SEX='女' AND CNAME='计算机'

14. 在下面的两个关系中，职工号和部门号分别为职工关系和部门关系的主码。

    职工(职工号、职工名、部门号、职务、工资)

    部门(部门号、部门名、部门人数、工资总额)

    在这两个关系的属性中，只有一个属性是外键，它是(　　)。

    A. 职工关系的"职工号"   B. 职工关系的"部门号"

    C. 部门关系的"部门号"   D. 部门关系的"部门名"

15. 要查询 XSH 数据库 CP 表中产品名含有"冰箱"的产品情况，可用(　　)命令。

    A. SELECT * FROM CP WHERE 产品名称 ='%冰箱%'

    B. SELECT * FROM CP WHERE 产品名称 ='_冰箱_'

    C. SELECT * FROM CP WHERE 产品名称 LIKE'%冰箱%'

    D. SELECT * FROM CP WHERE 产品名称 LIKE'_冰箱_'

三、判断题(共 10 分，每题 1 分)

1. SQL 语言是关系数据库的标准语言。   (　　)

2. 关系数据库是采用关系模型作为数据的组织方式。   ( )

3. 外模式/模式映像保证了数据的物理独立性。   ( )

4. 程序的标准化是数据库技术的主要特点。   ( )

5. 使用 INSERT 命令一次只能插入一行数据 。   ( )

6. 日志文件用于存放恢复数据库用的所有日志信息，每个数据库至少拥有一个日志文件，也可以拥有多个日志文件，扩展名为 ldf。   ( )

7. SQL Server 存储过程能够立即访问数据库。   ( )

8. 空值与任何非空值的运算结果都是空值。   ( )

9. 在 SELECT 语句中，使用 GROUP BY 子句时，一定要有 HAVING 子句。   ( )

10. 若关系模式 R 中的属性全部是主属性，则 R 必定是 BCNF。   ( )

四、设计题(15 分)

某工厂要开发商品销售与库存子系统，经需求分析后得出以下结论。

- 有若干商店，包括商店号、商店名、地点、经理。
- 有若干商品，包括商品号、商品名、规格、单价。
- 有若干仓库，包括仓库号、仓库名、地点、面积、负责人。
- 每个商店可销售多种商品，每种商品可在多个商店销售。
- 每种商品可在多座仓库存储，每座仓库可以存储多种商品。
- 商店销售商品，包括销售日期和销售数量。
- 仓库存储商品，包括入库日期和存储数量。

请根据需求分析结论完成概念结构设计和逻辑结构设计。

(1) 绘制每个实体 E-R 图，并在图中标出主码。(6 分)

(2) 进行系统概念结构设计，绘制全局 E-R 图。(6 分)

(3) 进行系统逻辑结构设计，写出关系模式。(3 分)

五、综合题(第 1 题 10 分，第 2 题 10 分，第 3 题 15 分)

1. 已知关系模式 R(U,F)中，U={ABCD}，F={A→C,C→A,B→AC,D→AC}。完成以下计算：

(1) $(AD)_F^+$。(4 分)

(2) F 的最小函数依赖集。(6 分)

2. 设有 3 个关系 STUDENT、COURSE 和 SC，其关系模式分别如下所示：

学生关系 STUDENT(SNO,SNAME,AGE,SEX)，其中，SNO 为学号，SNMAE 为姓名，AGE 为年龄，SEX 为性别。

课程关系 COURSE (CNO,CNAME,TEACHER)，其中，CNO 为课程号，CNAME 为课程名，TEACHER 为授课教师。

选修关系 SC(SNO,CNO,GRADE)，其中，SNO 为学号，CNO 为课程号，GRADE 为分数。

试用关系代数表达式表示下列查询：

(1) 查询年龄小于 20 岁的学生的学号和姓名。(3 分)

(2) 查询选修了课程号为 C2 的学生学号与成绩。(3 分)

(3) 检索选修课程名为"图像处理"的学生学号。(4 分)

3. 根据题意要求，使用标准 SQL 语言完成下列查询。

设有如下学生选课数据库，它包括学生关系、课程关系和选课关系，其关系模式为：

学生(<u>学号</u>，姓名，年龄，性别，系部)；

课程(<u>课程号</u>，课程名，教师)；

选课(<u>学号，课程号</u>，成绩)。

(1) 查询选修 C1 课程且成绩大于 90 分的学生学号和成绩，并要求对查询结果按成绩的降序排列，如果成绩相同则按学号的升序排列。(2 分)

(2) 查询名字中第二个字为"阳"的学生的姓名和选课成绩。(2 分)

(3) 检索选修了 2 门以上课程的学生学号及其选课门数。(2 分)

(4) 查询选修了 C2 课程的学生姓名。(2 分)

(5) 用带 IN 谓词的子查询查询选修了 C2 课程的学生姓名。(3 分)

(6) 用带 EXISTS 谓词的相关子查询查询选修了 C2 课程的学生姓名。(4 分)

参考文献

[1] 王珊，萨师煊. 数据库系统概论(第 5 版)[M]. 北京：高等教育出版社，2014.

[2] 王珊，张俊. 数据库系统概论(第 5 版)习题解析与实验指导[M]. 北京：高等教育出版社，2015.

[3] 方凤波，彭岚. 网络数据库项目教程[M]. 北京：电子工业出版社，2012.

[4] 吴德胜，赵会东，等. SQL Server 入门经典[M]. 北京：机械工业出版社，2013.

[5] 施伯乐，丁宝康，汪东，等. 数据库系统教程(第 3 版)[M]. 北京：高等教育出版社，2009.

[6] 梁玉英，江涛，等. SQL Server 数据库设计与项目实践[M]. 北京：清华大学出版社，2015.

[7] 崔巍. 数据库系统及应用(第 3 版) [M]. 北京：高等教育出版社，2012.

[8] 陈火旺，孙星明. 数据库原理及应用[M]. 长沙：中南大学出版社，2005.

[9] 王志英，蒋宗礼，杨波，等. 高等学校计算机科学与技术专业实践教学体系与规范[M]. 北京：清华大学出版社，2008.

[10] 李代平，杨成义. 软件工程实际与课程设计[M]. 北京：清华大学出版社，2017.